CAS

TSP

ACE

Contents

A New Methodology
새로운 방법론

Architectural Design follows methods, students will constantly hear their design professors and tutors discussing the word methodology of design, however even if the tools of design are rapidly changing and evolving, design methodology seems caught in a hiatus- a status of near paralysis.

Let me elucidate on the prevailing current methodology. At the beginning of the architectural project you have the concept (a word commonly abused by students to their advantage), the formulation of idea/s which are typically translated into abstract models or sometimes abstract drawings. These abstractions are in turn translated by the application of a functional and program co-efficients into massing models, which are subsequently analyzed to extract an architectural realm which is where, with only three transformations down the line, for the first time the student or designer enters into a discussion about space.

This book is an exercise to subvert this traditional approach and directly engage students with space from the conception of the project. The question then becomes how do you encourage students to discuss, debate and design spaces directly without following the conventional steps.

You have to take the student outside their comfort zone, purge their knowledge of all preconceived conceptions of what space is and commence an empirical journey. This is done through the process of "Casting" an ancient but incredibly intellectual method of formulating space.

Space is no longer a product of arranging walls, but space becomes a by-product of designing a mould. Design Professors don't only have a role to teach students how to design but they must also ask questions about what and why we design. The following book is an account of such an experiment, conducted at Seoul National University with second year students in their second semesters.

I am often asked how do you manage to both teach and design with the same intensity, the reason is that I believe Design/Practice are intrinsically connected, one needs the other to survive, and there is no better demonstration of the passion and commitment young designers posses than this book. 10 young students believing whole heartedly in a new design methodology; the results I believe speak for themselves and can be here appreciated by all.

"건축 디자인은 방법을 따른다." 학생들은 그들의 설계 교수들과 강사들로부터 디자인 방법론이라는 단어에 대해 토론할 때 지속적으로 이 메세지를 듣게 될 것이다. 그러나 디자인 도구들이 빠르게 변하고 진화하더라도 디자인 방법론은 거의 파행적인 중단 상태에 빠져있는 듯 하다.

현재에 만연해 있는 방법론을 명확하게 정리해보자. 건축 프로젝트를 시작할 시점에서 당신은 '컨셉 (일반적으로 학생들이 그들의 이익을 위해 남용된 단어)' 을 가지고 있다. 그리고 그 아이디어(들)의 형태화는 전형적으로 추상적인 모형이나 때때로는 드로잉으로 번역되어 나타난다. 이 추상 작업들은 다시 기능, 프로그램이 적용된 매스 모형과의 상호작용을 통해 해석되어지고, 무엇이 어디에 위치할 것인가에 대한 건축적 영역을 추출하며 분석된다. 디자이너가 공간에 대한 논의 단계로 접어 들 때 전적으로 위의 단 세가지 전환만이 있었다.

이 책은 이런 진부한 접근법을 통해 학생들이 프로젝트의 컨셉을 직접적으로 공간과 연관짓는 것을 뒤집기 위한 연습이다. 그렇다면 당신은 어떻게 학생들을 틀에 박힌 단계를 따르지 않으면서도 논의하고 토론하며 공간을 디자인하게 끔 만들 수 있을 것인가?

당신은 학생들이 안주했던 그들의 영역에서 끌고 나와서 컨셉이 만들어내는 공간이 어떻게 될 것인지 미리 짐작해버리는 모든 선입견과 익숙한 여정을 시작하는 것을 몰아내야 한다. 이것은 원시적이지만 공간을 형태화 하는 것에 믿을 수 없을 정도로 영리한 '주조'의 방법을 통해 이루어진다.

공간은 더 이상 벽을 나열한 산물이 아니다. 그것은 형태틀을 디자인한 것의 부산물이다. 디자인 교수는 학생들이 어떻게 디자인하는지를 가르키는 역할뿐만 아니라 그들 스스로 우리가 무엇을 왜 디자인 하는지에 대한 의문을 던질 수 있게 해야한다. 이 책의 내용은 서울대학교 2학년 학생들이 두번째 학기에 실행한 그 실험에 대한 기록이다.

나는 종종 가르치는 것과 디자인 하는 것을 어떻게 같은 중요도를 가지고 수행 할 것인가를 묻곤 한다. 그 이유는 디자인과 실무가 본질적으로는 연결되어 있고 어떤 하나가 유지되기 위해서는 다른 하나가 필요하다고 나는 믿기 때문이다. 여기 이 책 이상으로 우리 젊은 디자이너들이 가진 열정과 헌신을 표출한 것은 없을 것이다. 10명의 학생들은 진심으로 그들의 새로운 디자인 방법론을 믿고 있다. 책에 담겨있는 결과물로써 나는 그들에게 그렇다고 말할 수 있고, 이 책을 읽는 모두가 그것을 즐기게 될 것이다.

Project
프로젝트

Creating space by thinking of absence, this year's second year students are creating a spiritual retreat on Jangbong Island. In the first half of the semester they conceived a set of spaces in abstract: no scale, no function- a simple translation of a concept into physical space.

The island site then becomes the scene for the insertion of their spatial experiments into to the landscape, where space is bestowed with function and order. The process is conducted following one material, white plaster, allowing the students to focus exclusively on the architectural content and not get lost in representational tricks.

Students have been captivated by the process; they have developed a passion towards manipulating plastic spaces, towards creating spiritual atmospheres. Rather than limit their design, ONE MATERIAL > ONE PROCESS has charged their imagination. Spaces are no longer planned in abstract- Diagram/Plan/Model rather they are constructed by moulds and frames to capture the absent.

***Prof.* Peter W. Ferretto**
Seoul, March 2014

비움에 대한 생각을 통해 공간을 만드는 것, 이번 2학년 학생들은 잠봉도에 현실에서 벗어나 명상을 할 수 있는 영적인 공간을 만들고 있다. 학기의 전반부는 스케일, 기능에 대한 고려없이 단순히 컨셉을 물리적인 공간으로 변환함으로써 추상적인 공간들을 상상했다.

이 섬은 학생들의 공간적인 실험의 결과를 기능과 질서가 부여된 장소에 삽입하여 풍경 속에 하나의 장면이 되었다. 그 과정은 통일된 재료(흰 석고)로 구현되었기에 학생들은 재현적인 눈속임들로부터 혼란스러워지는 것을 피하고, 오로지 건축적인 내용에만 집중하게 되었다.

학생들은 그 과정들에 마음을 사로 잡혔다. 그들은 그 열정을 쉽게 주무를 수 있는 공간을 영적인 분위기로 만들기 위해 발전시켜 나갔다. 그들의 디자인을 한계 짓기보다는 **하나의 재료 > 하나의 과정**이 학생들의 상상력을 가득차게 했다. 공간은 더 이상 추상적인 다이어그램/평면/모형으로 계획된 것이 아니라 주형으로 만들어지고, 그 비움을 담아낸 틀이다.

피터 페레토
서울, 3월 2014년

Projects

1

Eroded Space

Space Research

1. Dig
I think that to 'Dig out' is most simple way in which to make space. I tried to use a transparent material because I wanted to make a visible underground space. So I dug using paraffin. Ground depth is replaced by this paraffin plate. And each plate is assembled and casted by plaster. After that, I cut various section of plaster model. Through this process, I saw many different sections (such as section along the space, floor, vertical section) by only one action. 'Dig out'.

2. Occupy
I am interested in people's movements which makes space. Posture makes stretched space. That is not like the picture of idealized Vitruvian Man. These stretched space models have a boundary similar to their posture. Boundaries express the occupied area by a person. Other people feel this occupied space as 'positive space'.

3. Filtering
A wall's (material) density can control the effect of the external environment. So, I made a model having density difference. As a result, I realized that the hole's part is very important. Holes act as tunnel of light in dark place. And in a bright place, holes absorb the light. A hole's role is to condition Filtering.

1. 땅파기
'땅 파내기' 는 공간을 만드는 가장 간단한 방법이라고 생각한다. 땅 속에 있는 공간의 모습이 잘 드러날 수 있는 투명한 재료를 이용하고자 했다. 그렇기 때문에 나는 파라핀을 파냈다. 땅의 깊이는 파라핀 판으로 대체되었다. 그리고 각 판들을 조립한 뒤 석고를 부어 공간을 본떠냈다. 그 다음, 그 석고모델을 여러 방향으로 잘라 단면을 만들어 냈다. 이러한 과정을 통해, 다양한 모양의 단면—공간에 따른 면, 층을 따른 면, 세로 방향 면—을 볼 수 있었다. '땅 파내기' 라는 단 하나의 행동으로 말이다.

2. 차지하기
사람의 움직임이 공간을 만들어낸다는 것이 흥미로웠다. 자세는 신축성있는 공간을 만든다. 이것은 비트루비우스의 인체비례처럼 정형화/이상화된 모양이 아니다.이 신축성 있는 공간모형은 그 경계에서 사람들의 자세를 찾아볼 수 있다. 경계는 사람이 움직임으로써 차지하게 되는 부분을 표현한 것이다. 차지된 공간은 타인에게 양감이 있는 상태의 공간으로 느껴지게 된다.

3. 투과하기
벽(재료)의 밀도는 외부 환경이 주는 영향를 조절한다. 그 영향이 조절되는 정도를 더 명확히 보기 위해 밀도차이가 있는 하나의 모형을 만들었다. 그 결과, 밀도를 구성하는 구멍의 역할이 매우 중요함을 알게 되었다. 구멍은 어두운 장소에서 빛의 터널과 같은 역할을 하였다. 그리고 밝은 장소에서는 구멍이 빛을 흡수함을 관찰할 수 있었다. 구멍의 역할은 투과에 대한 조건을 조정하는 것이었다.

Spiritual Retreat - Eroded Space

Wandering around sacred space is one of the ways of experiencing sacredness. It could lead to connection with God. This 'connection' shows repeated stability and anxiety, which is not different from a human's unstable emotion. I wanted to clearly express this continuous spiritual activity which has no specific form. Thus I made continuous changes in space by using digging, occuping, filtering methods which I explained before.

It was such a good way to express sacred space by using the site. Jangbong Island is a small island located north-west of Incheon. The island was extremely attractive, since its location on the west coast made for high tides and fluctuating wind directions, making it hard to foresee changes in the environment. Wind and tide continuously formed eroded stones and ridges. There, I felt the erosion of Jangbong Island's landscape seem so similar to what people feel in a sacred space.

Expressing acceptance of anxiety, I was able to create basis of space. Waves repeatedly crashed in and out of the gulf. During the process, the deeply eroded space at low tide made an assembly hall where believers gather, and only waves and gods of three churches at high tide create calmness in the sea. Connections of the restaurant and residence is another reason why the assembly hall is the central space.
The residence is located on the left side of where we reached after going around the light of the assembly hall. There is another central space in the residence and there are three 'rooms for three people' at both sides of that central space. Although it started underground where the assembly hall is located, the residence went overground gradually following 'Where there is light, there are people'. Holes in the ceiling of the central space make people enjoy upper light. Several openings in the residence also allows lots of light to get in. People could enjoy much sunlight - the blessing of God - through these openings, and eternal light lit up the dark island.

There is a restaurant opposite to the residence, on the right side of the assembly hall. Since eating was not as much of a holy act as praying, the restaurant was located on a lower floor than the assembly hall. However, it was hard to give up the joyful atmosphere of a restaurant, since lots of people gathered to share food, making much more fun and variety - food and conversation - in that space. To solve the problem, they created a U-turn to ease the entrance into the restaurant from the assembly hall. Thus, they were able to create a falling curve on the road, making a joyful atmosphere in the restaurant. Walking down the U-turn path, there were several lounges in which to take a break or study inside.

I paid great attention to not miss out a single detail of each of the spaces in the process of making the model, and drawing. The goal of the project was to maintain changes of people who believe in sacredness and a swaying landscape of the island in that space.

침식하는 공간

성스러운 공간을 거니는 것은 그 성스러움을 직접 체험하기 위한 것이다. 사람들은 그 공간을 걸으면서 신과 대화를 나눌 것이다. 이 '대화' 는 사람의 정신과 같아 끊임없는 안정과 불안을 반복한다. 정해진 어떠한 형태가 없이 계속해서 이뤄지는 이 영적인 활동을 표면으로 드러내고 싶었다. 끊임없는 변화의 공간, 이것을 앞장에서 다룬 땅파기, 차지하기, 투과하기를 통해 만들어냈다.

사이트는 내가 생각하는 성스러운 공간을 표현하기에 매우 적합했다. 장봉도는 인천 북서쪽에 위치한 작은 섬이다. 서해에 있기 때문에 밀물과 썰물이 잘 일어나며, 계속해서 바뀌는 바람의 방향은 환경의 변화를 예측하기 어렵게 한다는 점에서 굉장히 매력 있었다. 바닷물과 바람은 계속해서 해변의 돌들과 산등성이를 깎아 내렸다. 침식하는 장봉도의 풍경이 사람들이 성스러운 공간에서 느끼는 감정과 닮았다고 생각했다.

불안(자극)을 받아들이는 모습을 만의 확장으로 나타냄으로써 공간의 기초를 만들었다. 깊은 만으로 바닷물이 밀물과 썰물에 맞춰 들어왔다 나가기를 반복한다. 이 과정에서 깊게 파인 공간이 썰물 때에 많은 신자들이 모이는 집회당이 되었다가, 밀물 때에는 오직 바다와 작은 세 예배당의 신들만이 공간을 차지하는 고요한 모습을 연출한다. 집회당이 중심공간이 되는 또 다른 이유는 양 옆으로 식당과 주거공간을 이어주는 역할을 하기 때문이다.

집회당의 램프를 돌아 왼편으로 올라가면 주거공간이 위치하게 된다. 주거공간은 또 다른 커다란 중심공간을 가지고 양 방향으로 각각 3인실이 세 개씩 위치한다. 지하공간인 집회당으로 부터 시작되지만 '빛이 있는 곳에 사람이 모인다.' 는 말을 따라 주거공간은 지하로부터 들어올렸다. 중심 공간(거실)의 천장에는 많은 구멍이 뚫려있어 사람들이 빛을 만끽할 수 있다. 또한 각 객실마다 개구부를 가지고 있어 원하는 빛을 넉넉히 받을 수 있다. 주거공간에 뚫려있는 여러 개구부로 인하여 낮에는 신의 은혜와 같은 햇빛을 마음껏 받을 수 있고, 밤에는 꺼지지 않는 등불들이 섬을 밝히게 되었다.
주거지역의 반대편, 집회당을 기준으로 오른쪽에는 식당이 위치한다. 음식을 먹는다는 것은 기도하는 것보다 낮은 지위의 행동으로 여겨져 왔기 때문에 집회당보다 낮은 곳에 위치시키고자했다. 하지만 함께 음식을 나눈다는 것은 많은 사람들이 모이는 즐거운 일이며, 다양한 사건들—요리, 이동, 대화 등 — 이 동반되기 때문에 경쾌하고 밝은 환경을 조성하기를 포기할 수 없었다. 이 문제를 해결하기 위한 방법으로 집회당과 식당 사이의 길을 U자로 만들어 식당을 외부와 통하게 하였다. 그럼으로써 하강하는 느낌과 경쾌한 식당 분위기 모두를 연출할 수 있었다. 이 U자형 통로 사이에는 라운지들을 위치시켜 휴게실 겸 실내 스터디 룸으로 사용할 수 있도록 했다.

모형제작과 드로잉에서는 이 공간이 가진 다양한 순간들이 하나도 빠지지 않도록 하는 것에 주의를 기울였다. 성스러움을 믿는 사람들과 섬의 일렁이는 모습들이 이 공간 안에서도 변화를 계속해서 이어나가도록 하는 것이 프로젝트에서 목표하던 바였다.

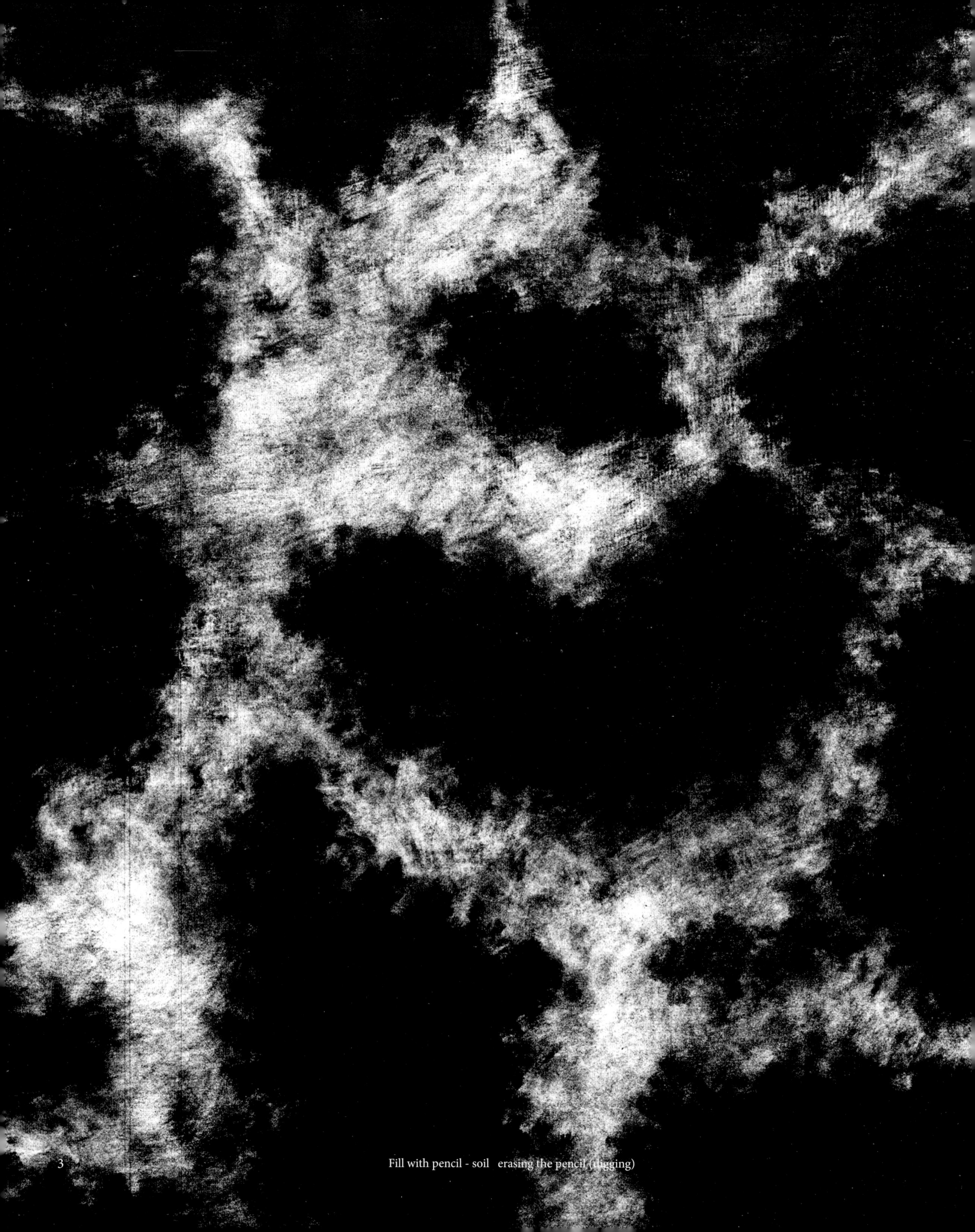

Fill with pencil - soil   erasing the pencil (digging)

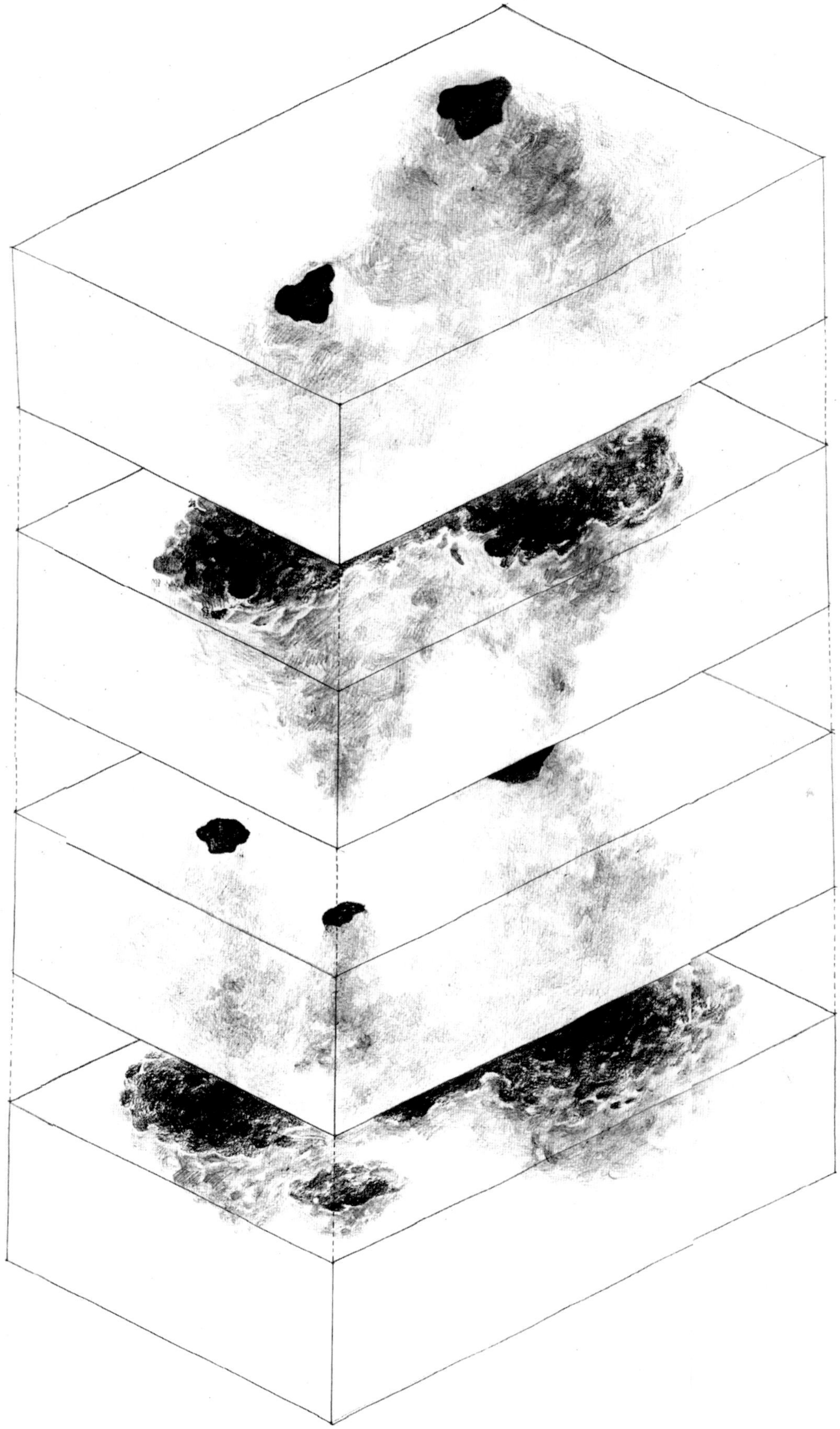

Simulation - punctured paraffins are assembled

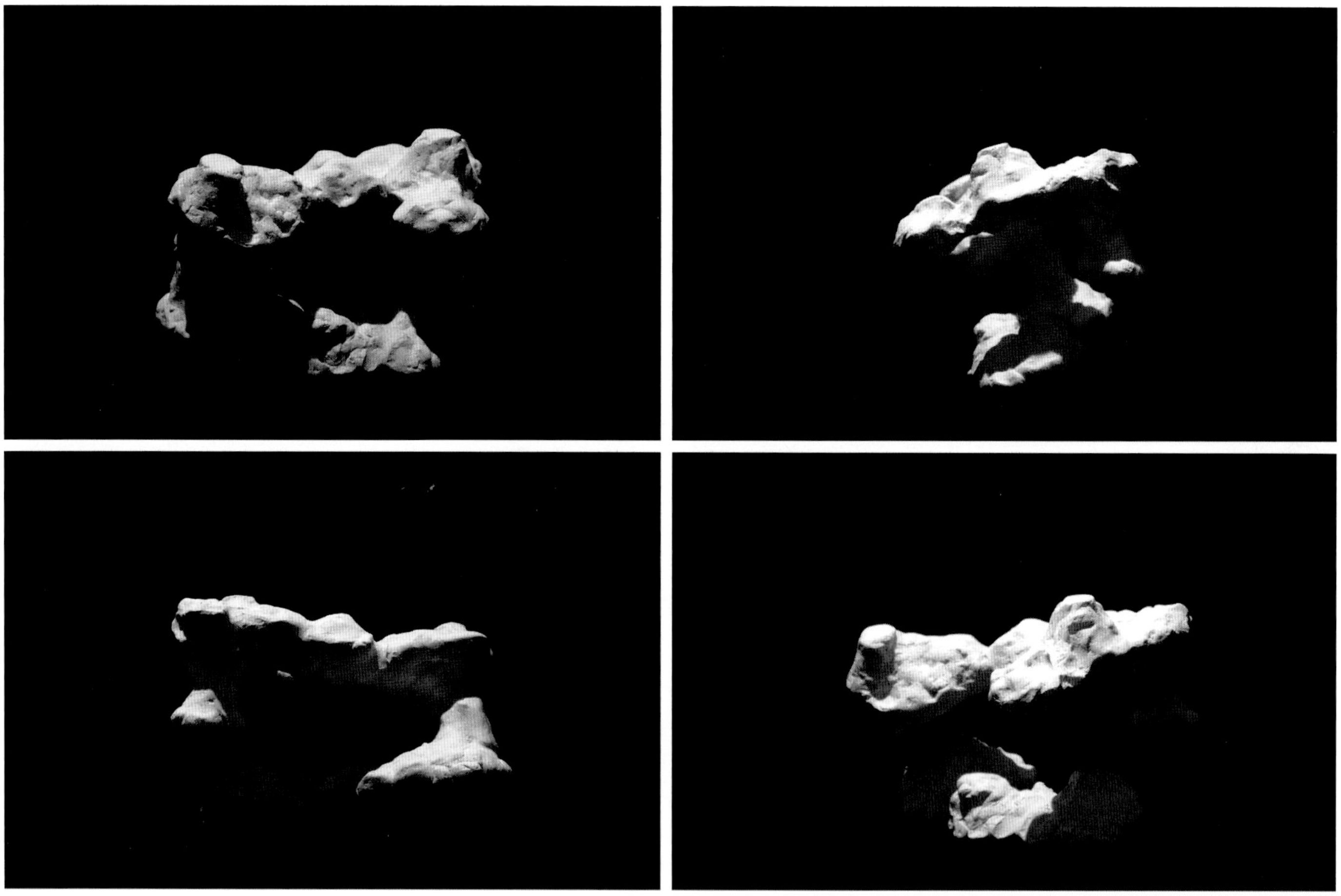

Cave cast plaster model - four direction cut

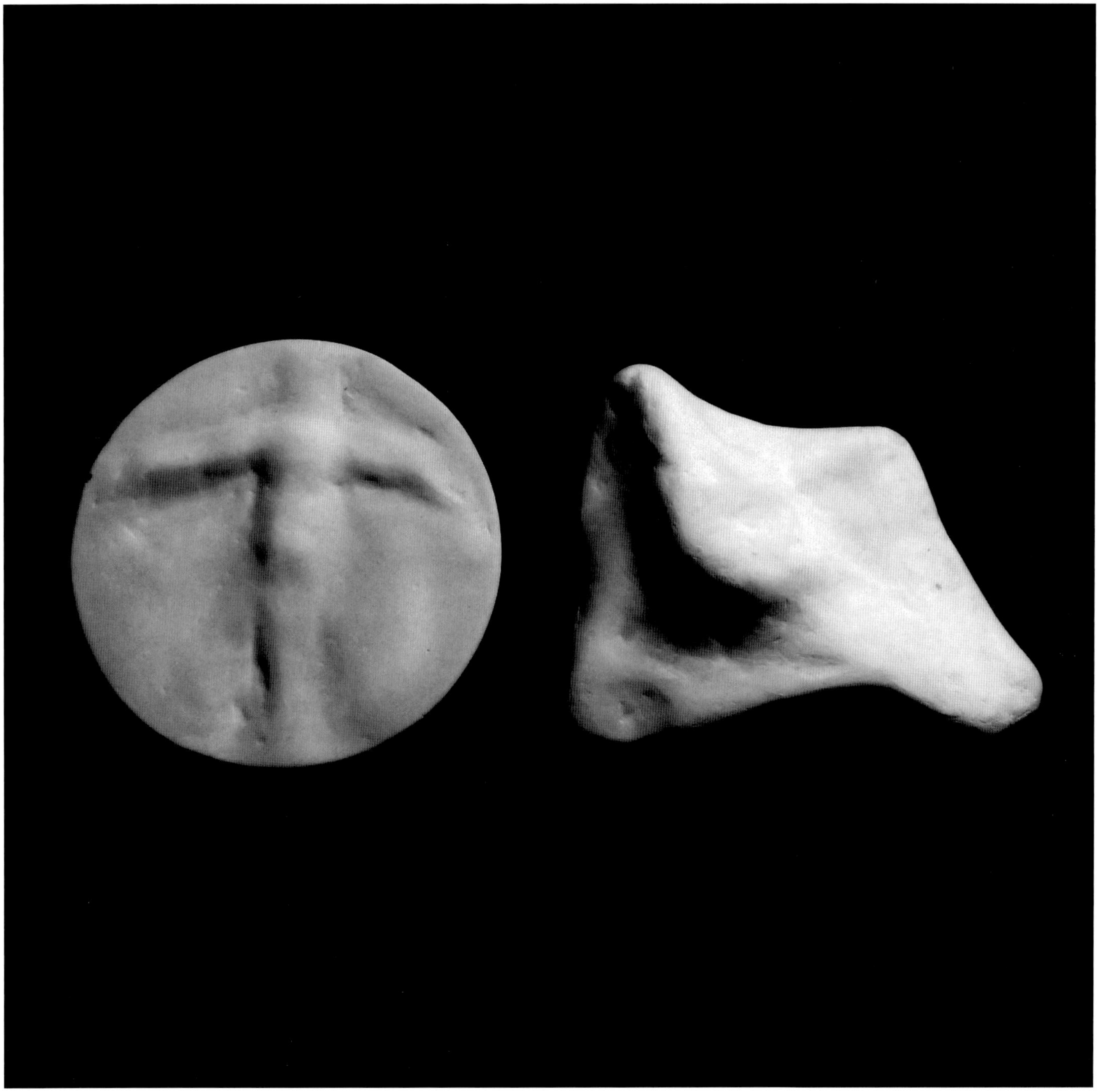

Vitruvian man - man posing (stretched shape)

Movement - key of making posture

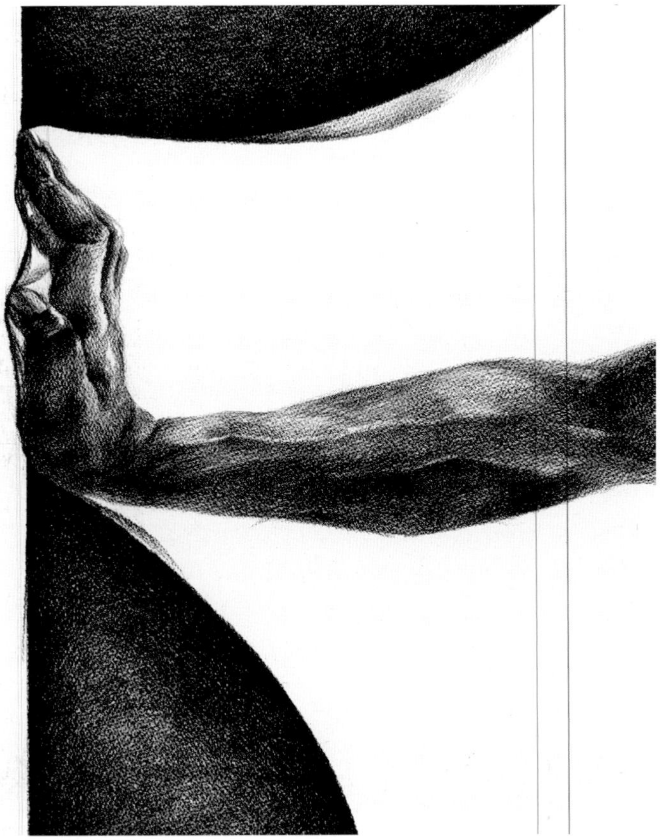

Positive space - boundaries of posture / various examples about boundaries of posture

9 Duplicity of hole's role

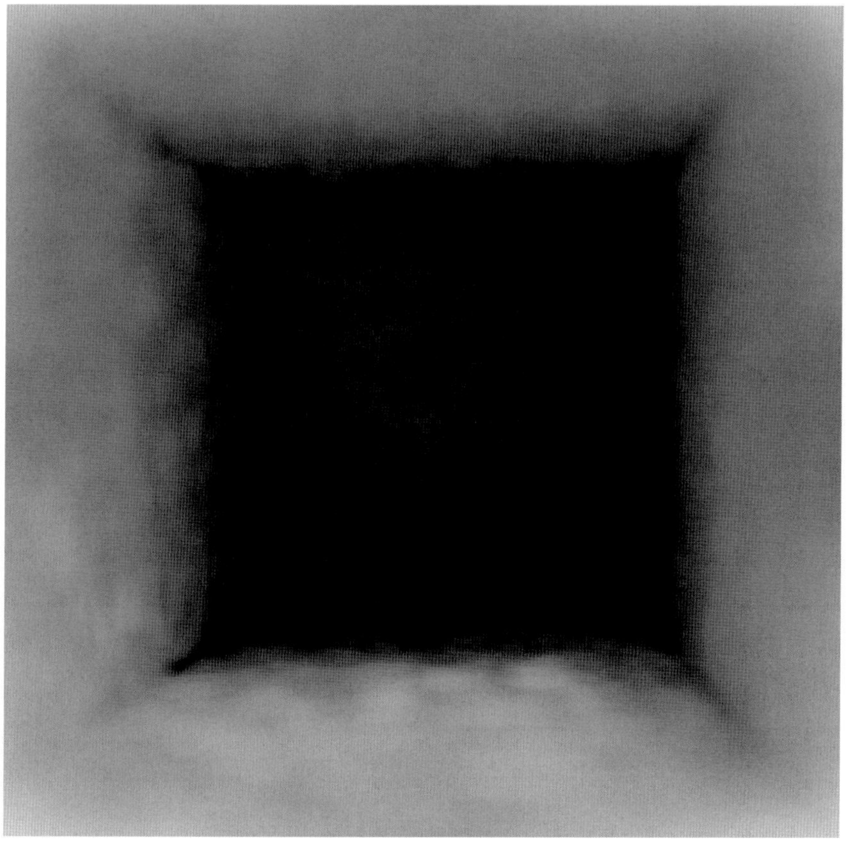

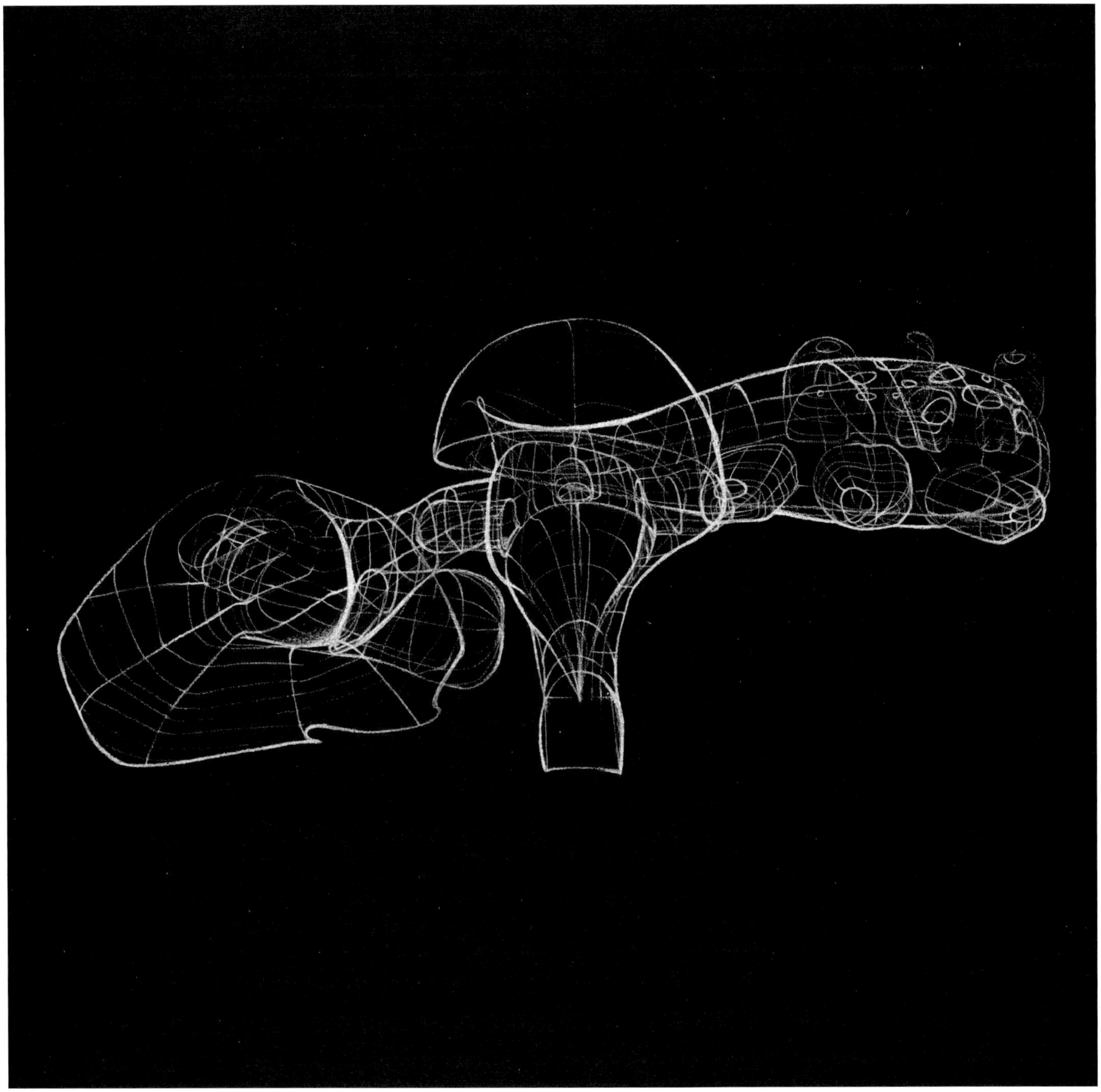

The whole construct of sacred space

Section - tide change and residence arrangement

Section - assembly hall

Exterior of residence

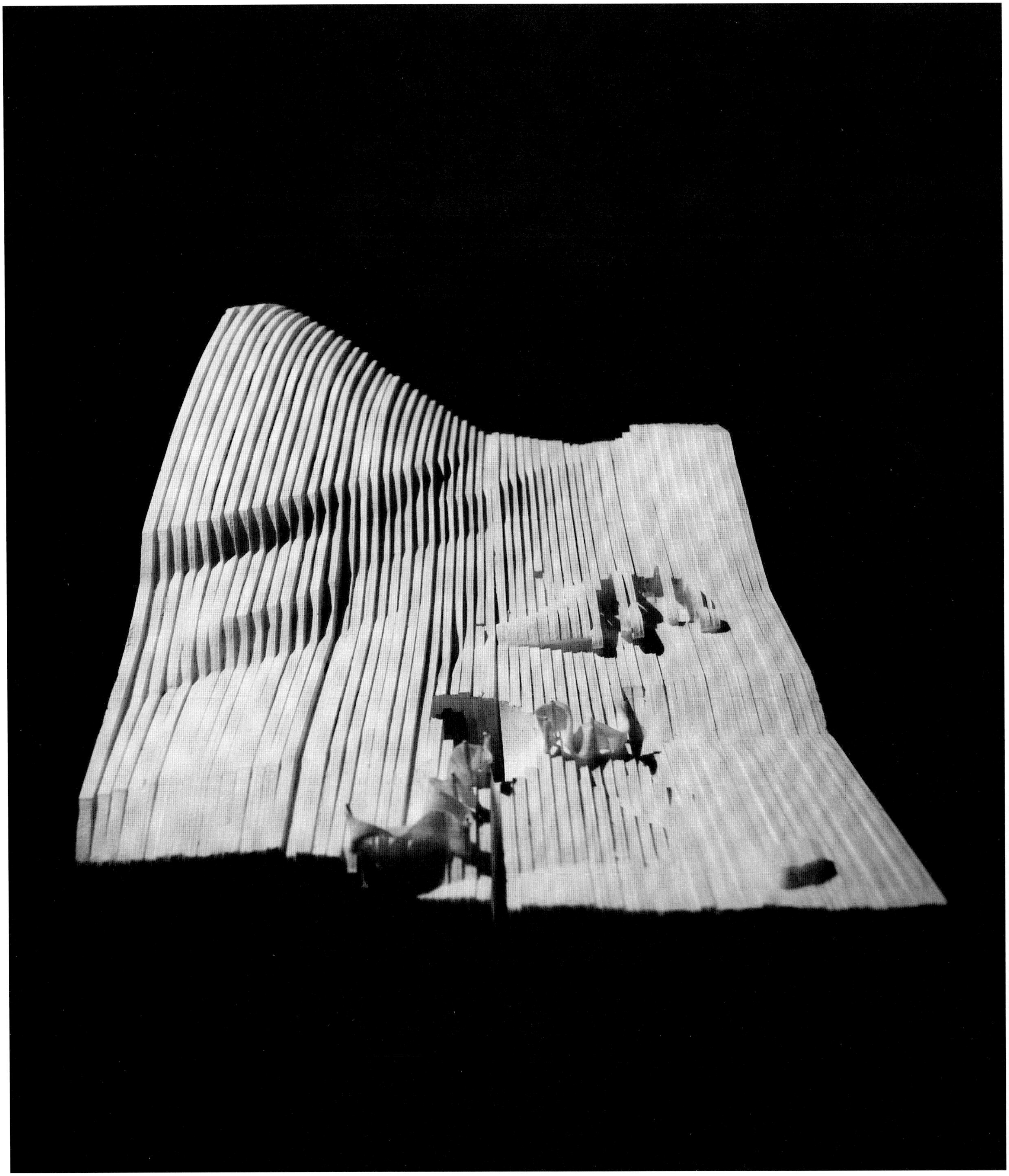

All parts of sacred space - 1:200

Plan - 1:200

Twins

Space Research

1. From surface to depth
The first project starts from surface and it continues on the topic to the depth, in terms of negative space. I got the inspiration of the concept from surface, which has many wrinkles, like the back of a mushroom, rough and uneven. In analytical drawing, I change the direction of the depth from horizontal planes to vertical planes. This makes the atmosphere of the space different. It has depth, and spatial quality proceeding to another space in a different direction.

1. 표면에서 깊이로
첫 번째 공간탐구는 음각적 공간의 관점에서 표면으로부터 시작하여 깊이에 대한 주제로 나아간다. 개념에 대한 영감은 울퉁불퉁하고 평평하지 않은 버섯의 뒷면과 같이 많은 주름이 있는 표면에서 얻었다. 분석 드로잉에서는 수평적으로 평평하게 놓여져 있던 주름을 수직적인 면에 놓아 방향을 바꿔 보았다. 그리고 그것은 공간의 분위기를 달라 보이게 하였는데, 깊이감이 생기고 각자 다른 방향으로 나아가는 것과 같은 공간적 특성을 지니게 되었다.

2. Movement
The second project is about space in movement, in terms of positive space.
First, I applied this to the straight line. Second, I had an experiment with two pieces of space which move diagonally, and in rotation.
In the photograph, I focused on the relationship of two different spaces, which are connection and disconnection. On the other hand, in drawing, I concentrated on another aspect, space which is made by two pieces of space, in-between spaces, and their quality, overlapped or left. Finally, not with just two pieces, but with many pieces I researched spaces when they meet randomly.

2. 움직입
두 번째 공간탐구는 움직임에 관한 것이다. 먼저 일직선상에서 조각을 움직이면서 실험이 이루어졌고, 그 후에 대각선으로 움직이거나 회전하는 것에 대해서 두 개의 조각으로 실험을 했다. 사진에서는 두 조각으로 이루어진 공간이 연결되거나 단절되는 등의 공간의 관계에 대해 집중했다면, 드로잉에서는 이 두 조각으로 만들어지는 나머지 공간이라는 다른 측면에 주의를 기울여봤는데 그것은 사이의 공간, 겹치는 공간, 남겨진 공간 등이었다. 마지막으로 두 조각이 아닌 여러 개의 조각을 가지고 그것들이 무작위로 만났을 때 생기는 겹쳐지고 남겨지는 공간들에 대해 탐구해보았다.

3. Flow
The last project is about space in flow, in terms of both negative and positive.
Depending on the gradient, the characteristics of the flows are diverse. When the gradient is steep, it makes a more linear flow and the tip spreads out. The final model, which is based on this experiment, has these characteristics of flow. Because of silicon molding, we can see the space that flow made.
In the analytic drawing, I put the light source at the highest point of each space for watching how the light comes in to the space, depending on the gradients. Finally, I made repetition of the flows in the same way that was discovered in the experiment, and it shows linking, overlapping...

3. 흐름
마지막 공간 탐구는 흐름에 관한 것이다. 어느 정도 기울었나에 따라 흐름의 특성은 다양하다. 기울기가 급하면 흐름이 더 선적이고 끝 부분이 퍼져나가는 것을 관찰할 수 있다. 이 실험을 토대로 만들어진 최종모델은 흐름의 특징을 그대로 가지고 있다. 실리콘 몰딩은 흐름이 지나간 자리를, 그리고 거기서부터 나온 것은 흐름의 공간을 그대로 표현해준다. 분석 드로잉에서는 앞서 실험했던 서로 다른 기울기를 가진 공간을 눕혀 가장 높은 지점을 광원으로 잡아 각각의 기울어진 면을 통해 빛이 들어가는 것을 관찰하고자 했다. 마지막으로 흐름의 반복을 만들어냄으로써 앞서 만들어진 공간들이 어떠한 가능성을 가지는지 관찰해보았고, 연결되거나 겹쳐지는 흐름을 보여주었다.

Spiritual Retreat - Twins

Spiritual space contains communication with someone who is thought of as God and also with other people like oneself. To dialogue with God is visualized by change of natural condition, and to dialogue with other people is by connection between spaces. Thus I want to express communication with others, and <From surface to depth, Movement, and Flow> research of those three spaces is sublimated to architectural spaces.

The concept which came across my mind starts from the word 'movement', the second space research. To embody the word, two different methods are used. First, I had observed that the quality of space, involving light or sound, varies up to the height when I visited the site. There is the soft rustling of leaves at some spots, while other spots are really quiet. I thought this characteristic can give the architecture spiritual moments where man can concentrate on listening to his heart, being away from the world. So the building becomes vertical. Second, in this time, like the study in 'movement', I imagined that two pieces of the space move along the bay. It can draw a person's attention to the horizontal sea. When man faces an expanse of water, he gets a chance to look back on life, feel Mother Nature, and be absorbed in meditation.

Inside the building, each floor and space is independant, but also related to each other under the study of third space research 'flowing'. That is, one floor and another floor can communicate and see one another. It can be seen by the link visualized by core which is on every floor. This shows how the space flows and how people bind together in community.
Finally, there are two towers that look like twins. While one tower is composed of many layers, spaces, and functions, the other tower is a unitary space used as the main chapel. The most important characteristic that makes the two building different is that the one is full of void, and the other is full of solid. Because of this, even though the quality and angle of light which floats from top to bottom through a hole, the feeling people get when they are in the space is pretty different. In the main chapel they feel a holy and sacred atmosphere, but, in the other tower, the light links all the floors vertically, and makes people downstairs look up.

신성한 공간

영적인 공간은 특정개인이 자신이 신이라 생각하는 대상과 소통하고 그와 동시에 그와 같은 다른 사람과 소통하는 것을 포함한다고 생각한다. 신과의 소통은 인간의 통제를 넘어선 자연적 조건의 변화로, 타인과의 소통은 공간 사이의 연결로 시각화된다. 이렇게 다른 대상과의 소통을 공간적으로 표현하고자 표면에서 깊이로, 움직임, 흐름의 세 가지 공간탐구의 요소가 건축적 공간으로 승화되었다.

머릿속에 떠오른 컨셉은 두 번째 공간 탐구의 '움직임'이라는 단어에서 시작한다. 이 단어를 구현하기 위해서 다른 두 가지 방법이 사용되었다. 첫 번째로는 현장답사를 갔을 때 높이에 따라 빛이나 소리와 같은 공간의 질이 다양하다는 것을 관찰했다. 어떤 곳에는 나뭇잎이 바스락거리는 소리가 있었지만 또 어떤 곳은 매우 고요했다. 이러한 특성이 건축에 사람이 속세에서 멀어져 마음의 소리를 듣는 것에 집중할 수 있는 성스러운 순간을 줄 수 있을 것이라고 생각하여 이로부터 건물이 수직적인 성향을 갖게 되었다. 두 번째로 앞서 이루어졌던 연구와 같이 두 공간 조각이 만을 따라 움직인다고 상상해보았다. 그것은 사람의 시선을 수평선으로 이끌고, 누군가가 물의 광대함을 만나게 된다면 그는 그의 삶을 뒤돌아보고, 대자연을 느끼며, 명상에 잠길 수 있는 기회를 갖게 될 것이다.

건물 내부에서는 각각의 층과 공간이 독립되어있지만 동시에 '흐름'이라는 세 번째 공간탐구 아래에서 서로 관련되어있다. 즉, 한 층과 다른 한 층은 서로 소통하거나 시선을 주고받을 수 있다. 그것은 단적으로 모든 층에 있는 코어에 따라 시각화되어 보여진다.

마지막으로 쌍둥이처럼 보이는 두 타워는 외관상 비슷하게 보이지만 실상은 전혀 다르게 구성되어있다. 하나의 타워가 많은 층들과 공간, 그리고 기능들로 이루어져있다면 다른 한 타워는 주 예배당으로 쓰이는 단일의 공간이다. 이 둘을 다르게 만드는 가장 주요한 특질은 하나가 비어있는 성향이 강한 공간이라면, 다른 하나는 속이 꽉 찬 고형의 성향이 강한 공간이라는 점이다. 이러한 특질 때문에 위에서 아래로 들어오는 빛의 특성과 의도는 같았지만 사람이 그 공간에서 느끼는 감정은 전혀 다르다. 주 예배당에서는 성스럽고 거룩한 분위기를 느낄 수 있는 반면, 다른 건물에서는 전체를 수직적으로 연결하고, 아래에서 위로 시선을 끌어올려 서로 소통하는 것을 돕는 역할을 할 수도 있다.

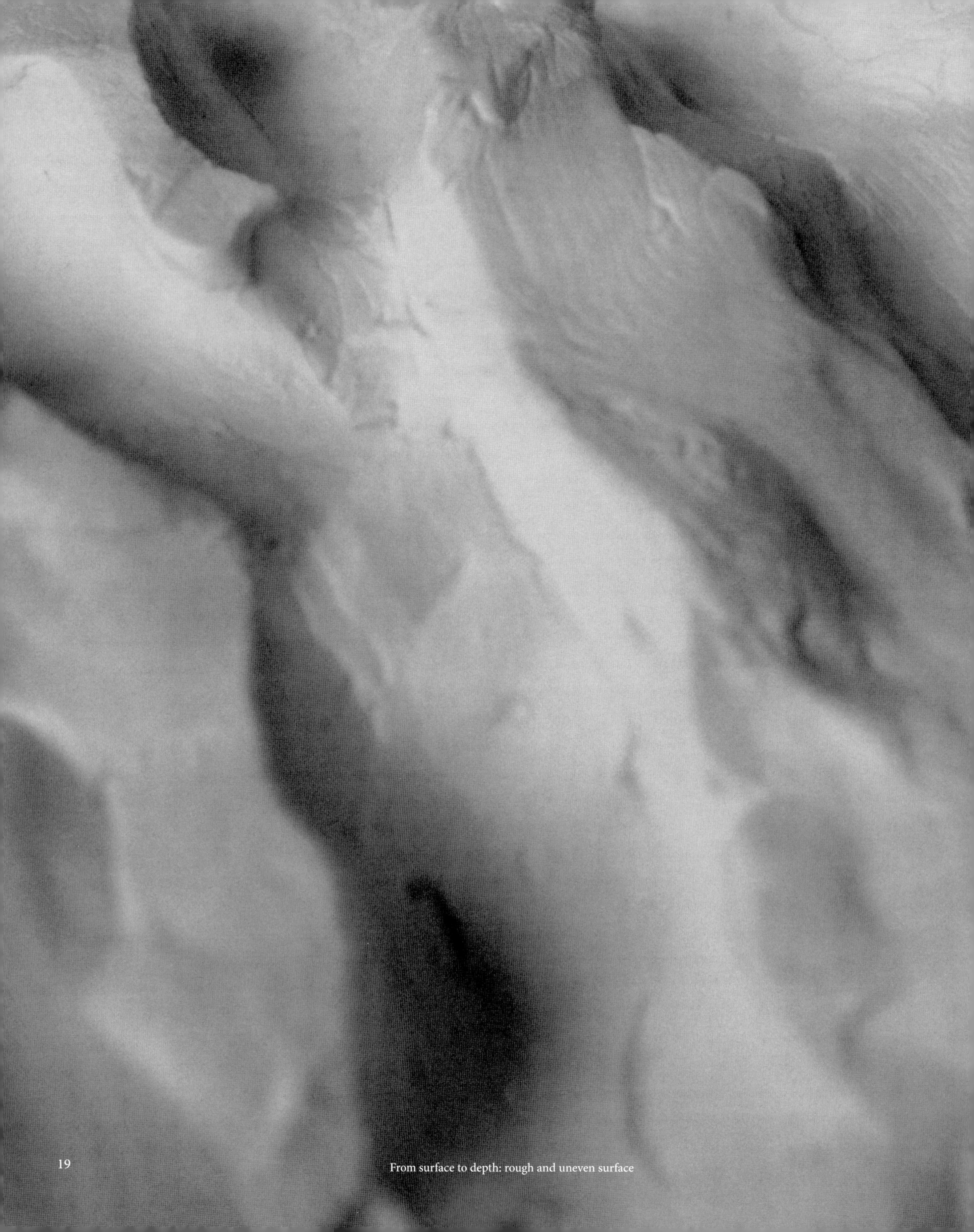

From surface to depth: rough and uneven surface

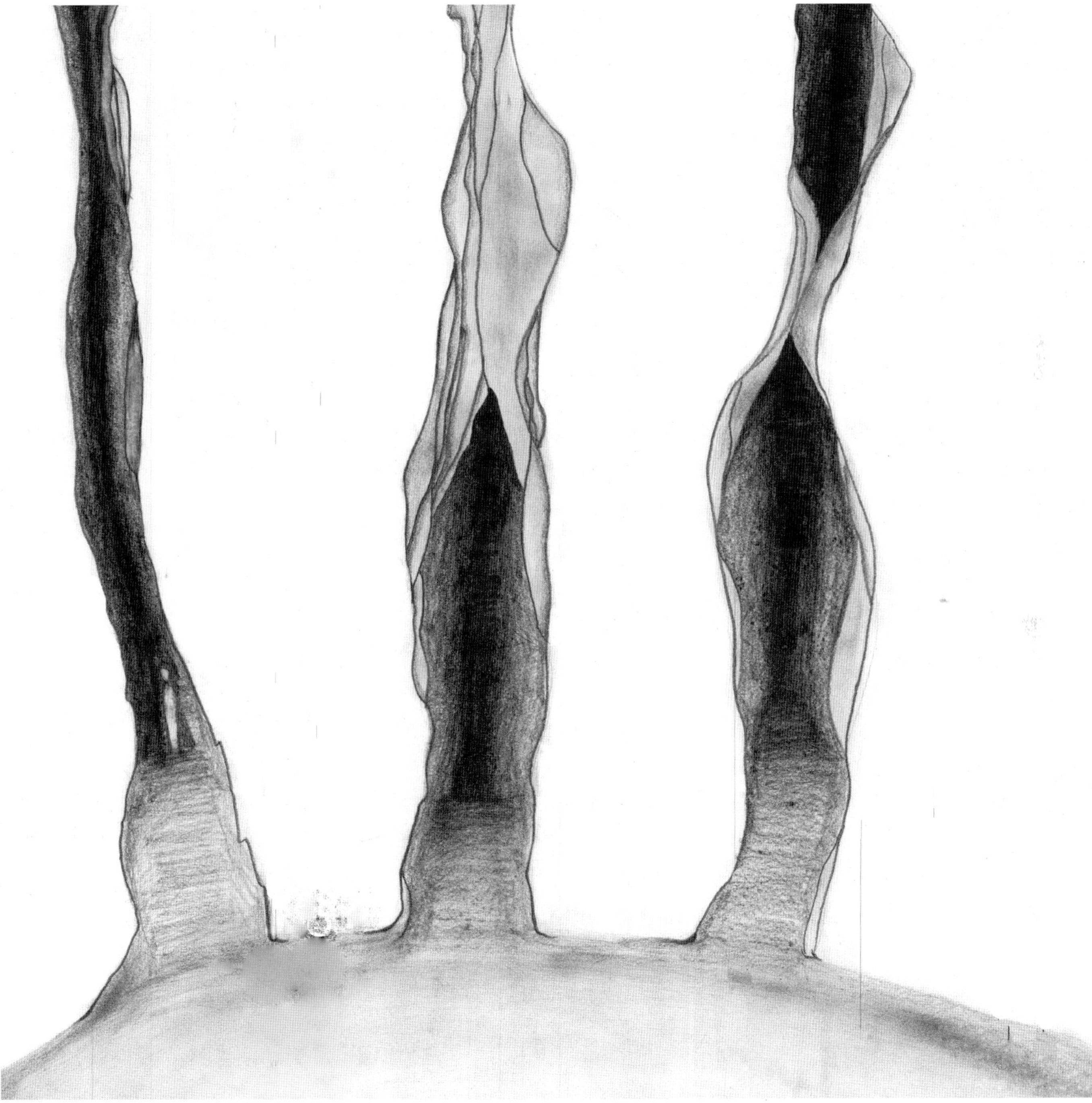

From surface to depth: the direction of depth is changed to vertical

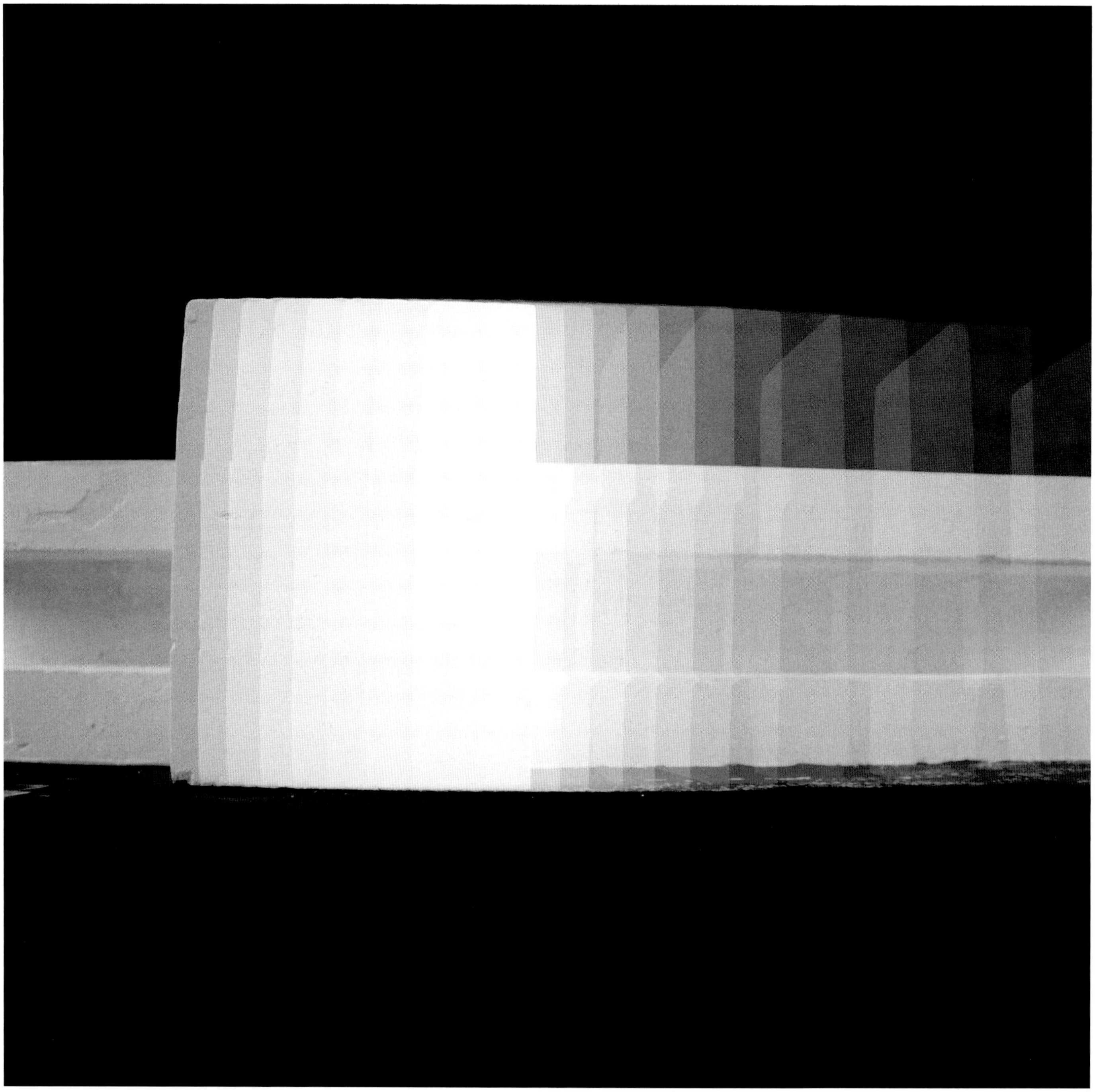

Movement - in linear way

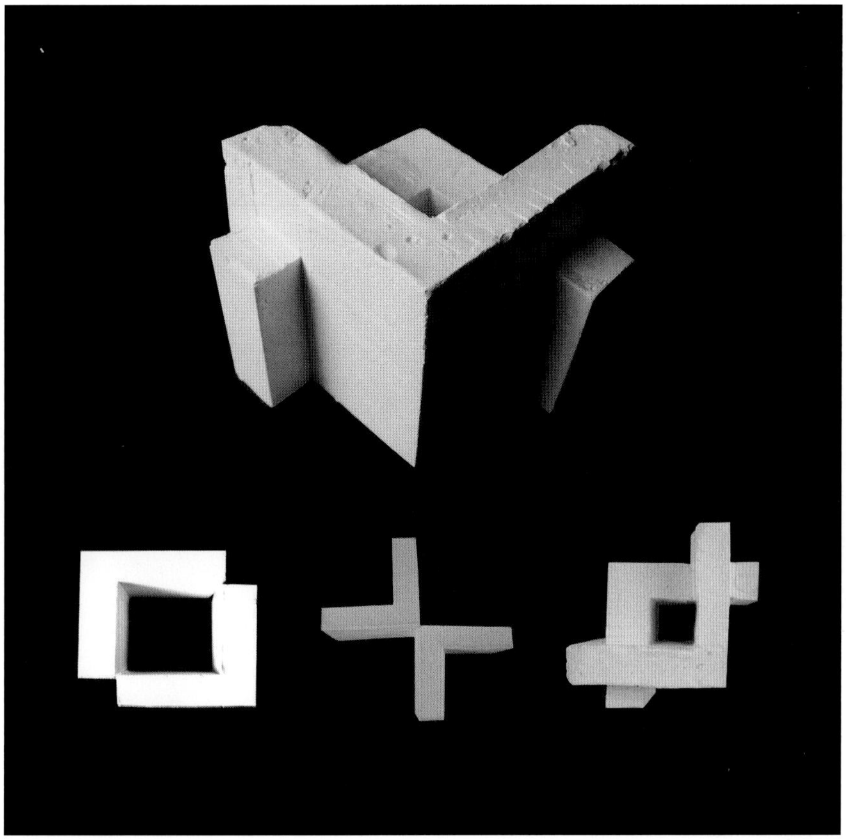

Movement - in diagonal and rotated way, connected or disconnected space

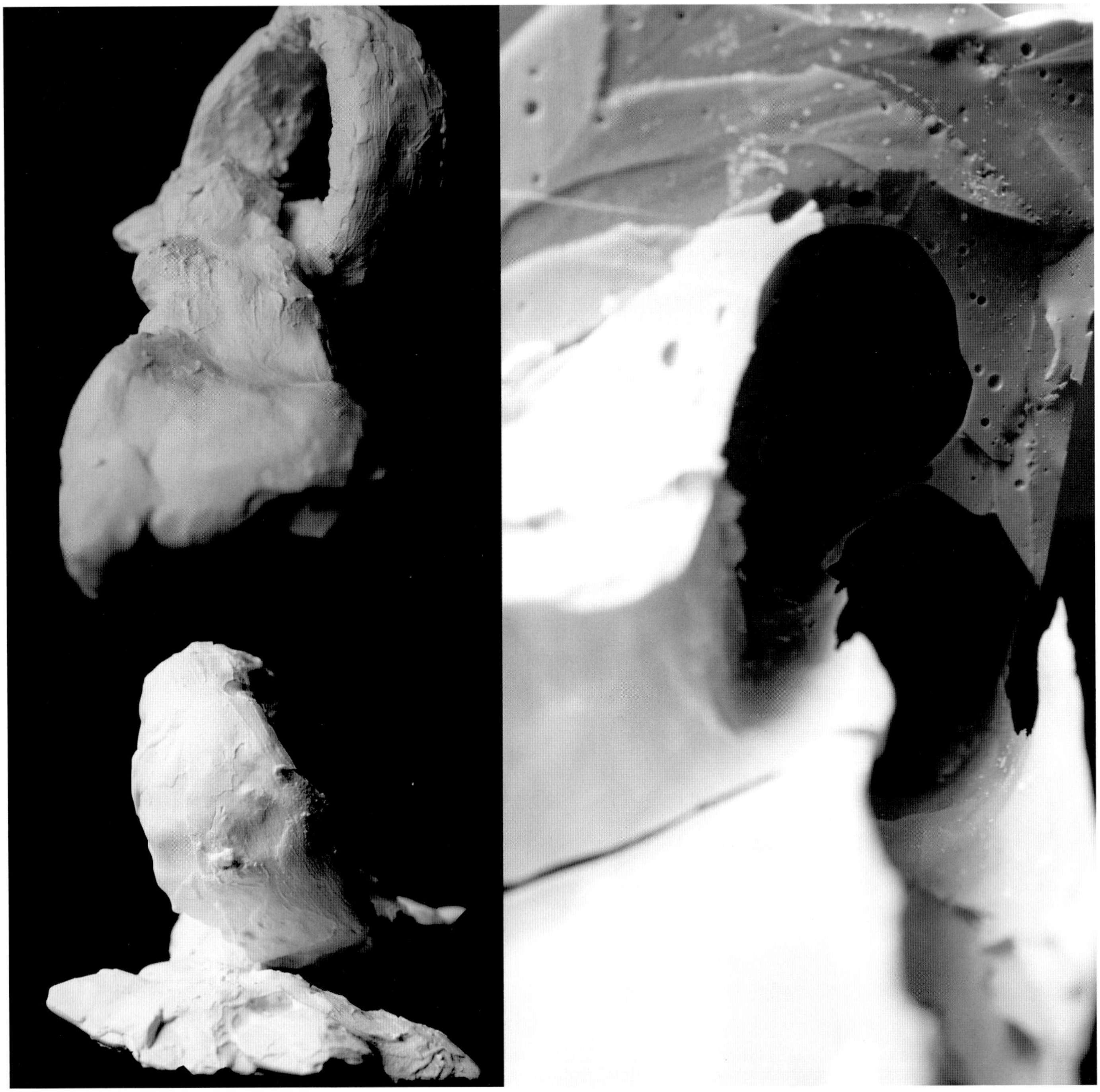

Flow - silicon model, space where the flow passes through

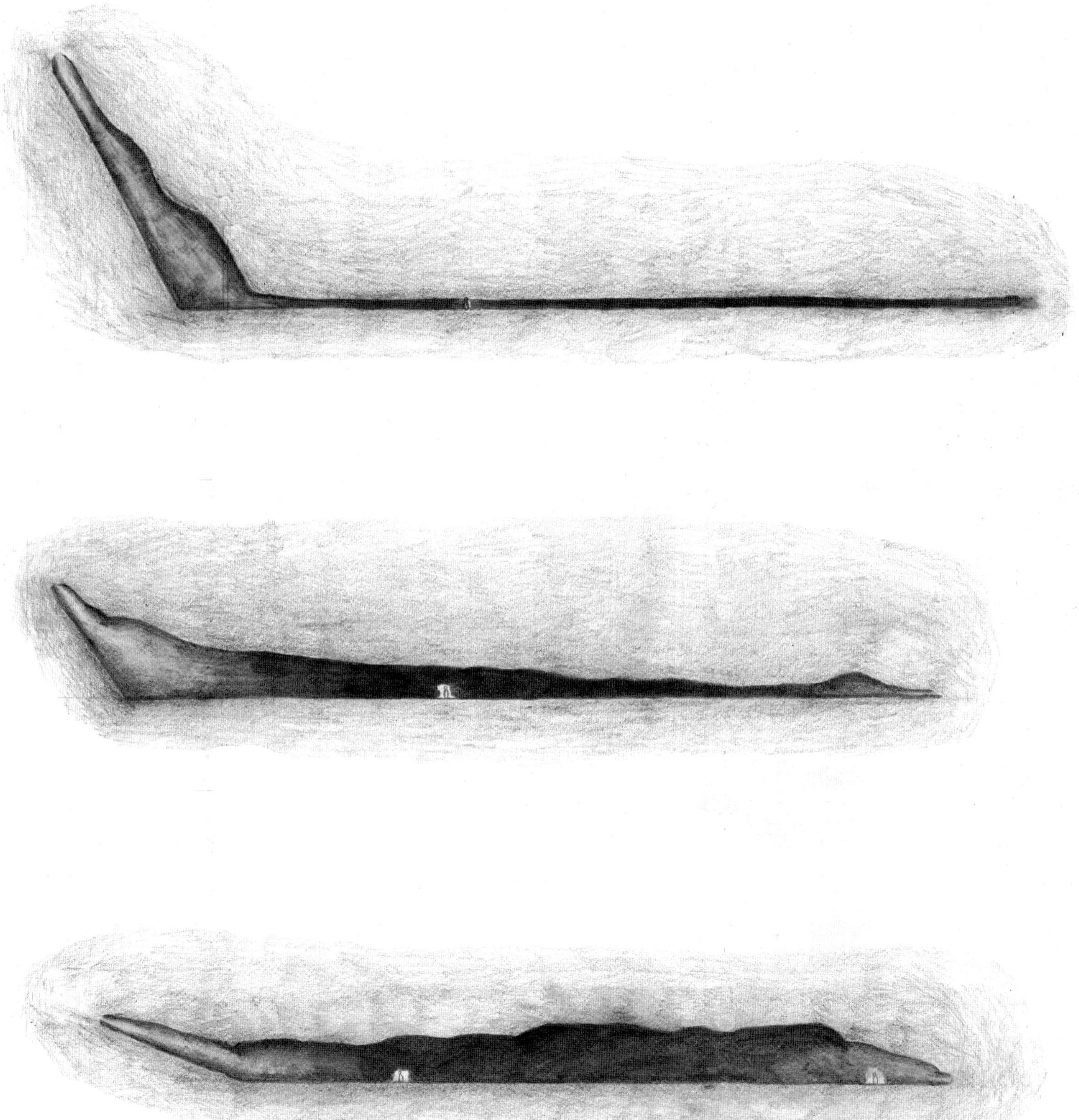

Flow - how light comes in and how people enter the space

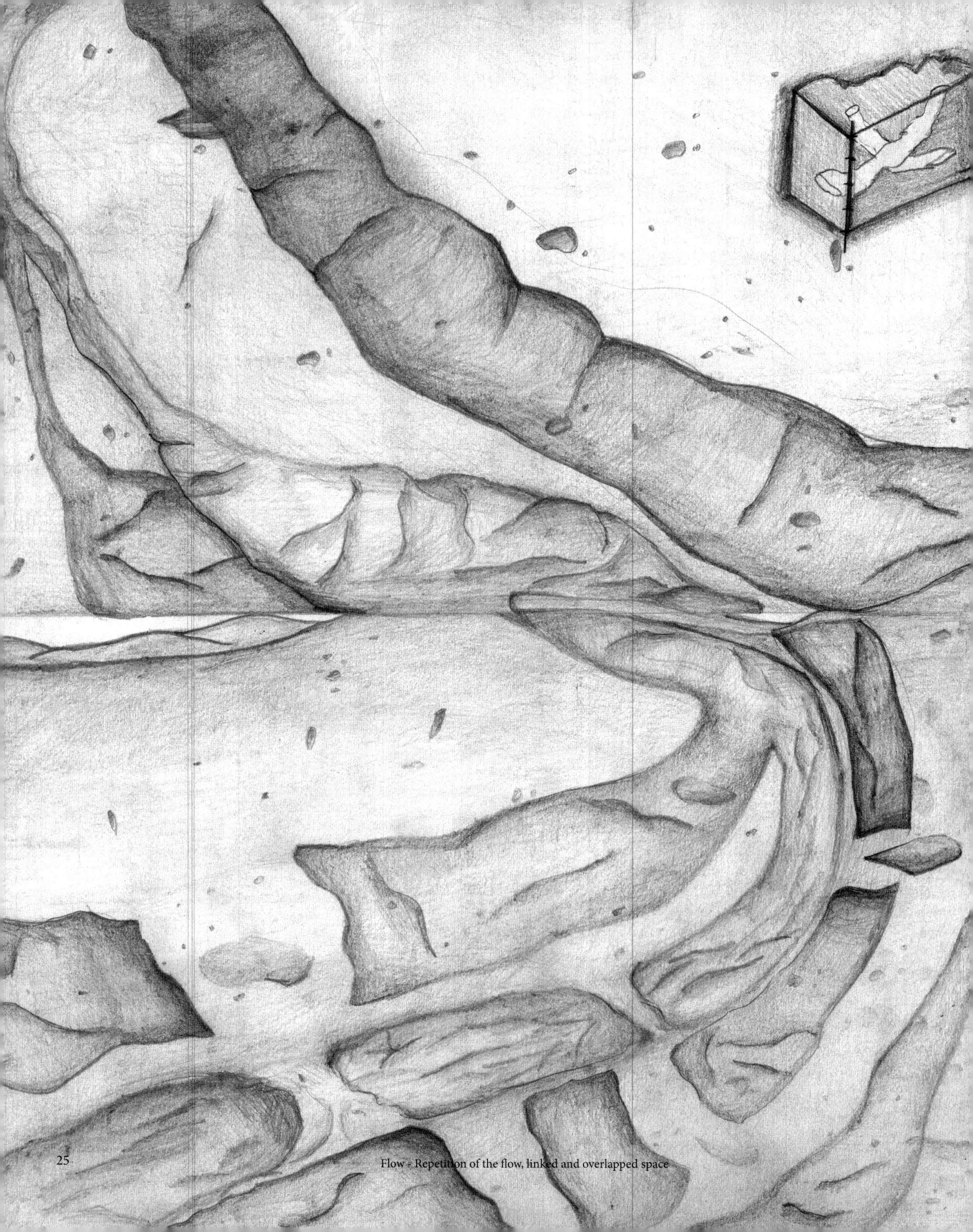

Flow - Repetition of the flow, linked and overlapped space

Spiritual space final model

1:200 model - outside chapel and towers

Top view - floors communicating one another

Back side of towers - main chapel and other spaces

Top: near staircase / bottom: roof garden

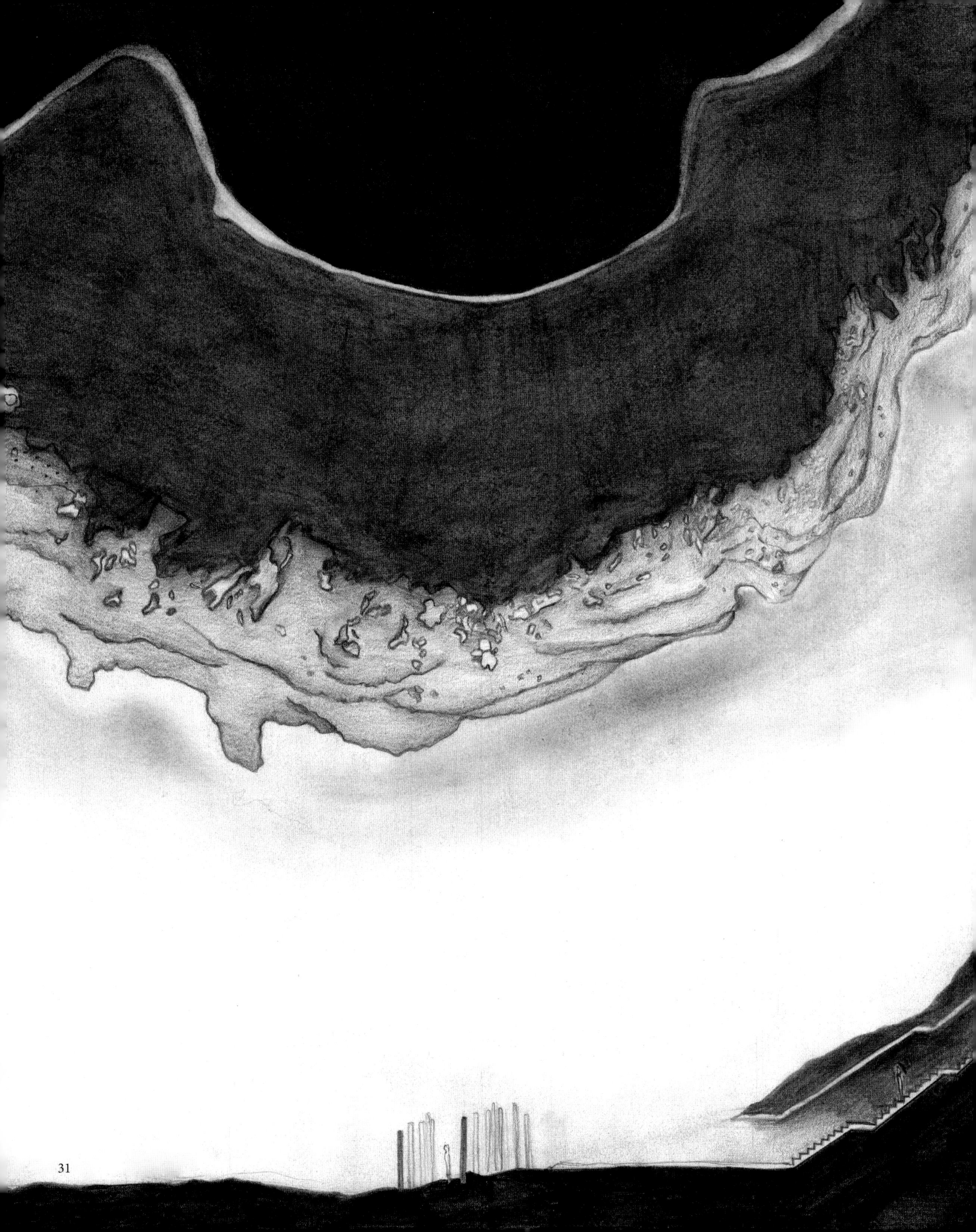

Site plan and section - how each tower is composited

Spiritual Garden

Space Research

1. Connected
I made spaces which are connected in some ways. The room-like spaces are connected and share an atmosphere. Each space has different characteristics, and affect each other. For example, if one space get dark, the other does too.
I made a big mass and put small components that will later create voids. The models are very simple on the outside, but on the inside, there exists connected spaces that cannot be easily imagined by just seeing the outside.

2. Open boundary
I wanted to make 'non-pocessing' space. I thought by simply removing a wall, it can create more spaces than surrounding walls. Space with removed walls has no clear boundary. In the positive models(in it, space become mass), I made it by repeating the process of just pouring plaster, waiting for it to dry and ore-pouring the plaster on it.
It seems as if it is melting, by removing walls one by one. As I take off the wall, moment gets more freedom and becomes energetic.

3. Derived
I wanted to make a space by an experimental way. Not in a delicate way, I wanted the accidental way of making space. After some experiments, I made my model by pouring liquid plaster on molten paraffin. The form was amazing. It seems like the sand of a desert, and the deep part of my model seemed like gorge.

1. 연결된
서로 어떤 방법들로 연결 된 공간을 만들었다. 방과 같은 각각의 공간들은 연결되어서 분위기를 공유한다. 각각의 공간들은 저마다 조금씩 다른 특성을 갖고 있고, 하나의 공간이 어두워지면 연결된 다른 방도 같이 어두워지거나 하는 방식으로 서로에게 영향을 미친다.
또한 이 공간 모델은, 커다란 매스에 작은 요소들을 제거하는 방식으로 만들었기 때문에, 밖에서 본 모습과 내부의 모습에 큰 차이가 있다.

2. 경계를 열다
'무소유의 공간' 을 만들고 싶었다. 간단하게, 벽을 제거함으로써 벽을 두르는 것보다 더 많은 공간을 만들어낼 수 있다고 생각했다. 벽을 없앤 공간은 그 경계가 명확하지 않을 수밖에 없다. 공간을 매스로 표현한 반전모델에서, 경계의 불확정성을 보여주기 위해 흐르는 석고를 그대로 부어 굳히는 방법을 사용했다.
차례로 벽을 허무는 과정을 보여주는 이 모델은, 마치 녹아내리는 것처럼 보인다. 벽을 없앰으로써 더 많은 자유를 얻고 에너지를 가지게 되는 듯 보인다.

3. 도출된
실험을 통해서 공간을 만들고자 하였다. 정확히 측정된 어떤 방법을 통해서가 아닌, 우연의 효과로 인해 만들어지는 공간을 원했다. 이 공간 모델에서, 녹인 파라핀 위에 흐르는 석고를 부어 굳힌 후 파라핀을 제거했다. 파라핀이 물과 만나 굳으면서 석고의 표면에 만들어낸 형상은 놀라웠다. 사막의 모래와 같은 형상을 빚어내기도 하고, 움푹 수렴된 부분은 협곡처럼 보이기도 했다.

Spiritual Retreat - Spiritual Garden

I made a place of meditation on the flat land where the mountain and the sea of the Jangbong island meet. I applied the third space model to the landscape, and drew the sea waters in to the landscape, and made a big water garden in which the water level goes up and down, depending on the tide. In the right part of this garden is the residential place, and the left part is the gathering spaces, in which the Library, Canteen, and Congregational space is joined. Visitors from the outside world can approach this place through the road on the right side of this place. There are 3 spaces for meditation. The 1st one is adjacent to the residences, the 2nd one is the Congregational space, and the 3rd one is between them.

One of the key points of this place is a "Journey." Walking through the border of the garden, the sight changes. The journey starts from the outside road. The road sinks down gradually and is curved, and when the visitors look back, they are cut off from the road behind. It's kind of like the process of filtering. The journey started like this and reached two destinations. The first destination is an opened meditation place which can be approached by a stair case surrounding a congregational room. People who just arrived here could see the view inside the frame. The second point is opened space toward the sea. After walking alongside the garden, people's closed sight will be opened. It is located westward, so there will be a beautiful scene of the sunset.

The residential space on the left side of the garden, and is consists of individual elements that have their own meditational space. It is hidden from the outside, but the inside world is all connected through the atrium. Also it is connected to the water dropping meditation place.

The library, canteen and congregational room are more directly associated. The connection point of these spaces are not only available for passage but also shares light and atmosphere. Also lights smoothly seep through wall to wall. The congregational roomhas double-walls. This creates space for the staircase to the roof and also works as a light embracer. Meanwhile, sunset openings to the west will embrace the marvelous crimson light, which will touch the wall and bounce back up to fill the whole space.

Basically, the 3 meditation spaces(spiritual space) have a bright atmosphere rather than darkness. Also they do not standing alone, they are connected with each other. The meditation space of water, which is the 1st spiritual space, is connected to the sea, which uses its original stream line, and makes small holes to create light. The 2nd spiritual space, as I mentioned before, is the only space connected to the ocean directly, but the view is not totally opened. It's actually closed a bit so the outstanding view of the horizon could be emphasized. This is using the method of blocking, which can point something out effectively. The 3rd spiritual space, which stands above the congregational room, works as an observatory platform. When people from outside come to this place without knowing where they are, they can experience this space, which is directed after the staircase between two walls, to show the beautiful views of the whole site.

영적인 정원

나는 인천 장봉도의 바다와 산이 만나는 평탄하고 넓은 지점에, 명상을 통해 수련을 하는 성스러운 공간을 만들고자 하였다. 세 번째 공간 모델을 지형에 적용시켜, 해수를 깊숙이 끌어들이고, 조수에 따라 물의 높낮이가 차이나는 거대한 물의 정원을 만들었다. 이 정원을 중심으로 크게 왼편에 주거를, 오른편엔 도서관, 식당, 회당이 이어진 큰 건물을 두고, 외부에서의 방문자는 오른편으로 길게 나있는 길을 통해 접근하도록 했다. 또한 세 개의 명상을 위한 공간을 만들었는데, 하나는 주거와 근접하고 하나는 회당과, 하나는 둘의 가운데에 있게 했다.
이 프로그램에서 빼놓을 수 없는 키워드중 하나가 '여정' 이다. 큰 정원의 테두리를 따라 걸으면서 나타나는 다양한 전망은 열렸다가 닫히기를 반복하며 계속해서 변화한다. 이 명상 정원의 외부의 접근로에서부터 여정은 시작된다. 길은 점점 바닥으로 내려가, 걷다가 뒤를 돌아보면 어느 순간 자신이 걸어온 외부와는 단절이 된다. 필터링의 과정을 겪는 것이다. 이렇게 시작된 여정은 두 개의 목적지에 도달한다. 첫 번째 도착점은, 대형 공간들을 묶어놓은 건물에서 가장 바깥쪽 회당을 한바퀴 감아 올라가서 도착하는 옥외의 매우 개방적인 명상 장소이다. 이곳에 도착하는 순간, 길을 걸으면서는 보이지 않던 사이트 전체의 모습이 건물이 갖고 있는 프레임이라는 요소를 통해서 보이게 된다. 두 번째 도착점은 바다를 향해 열려있는 명상의 공간이다. 정원을 따라 걷다가 이 곳에 도착하여 뒤를 돌아보면 바다를 향해 닫혀있던 시야가 열리게 된다. 서쪽을 향하고 있어 해가 지는 모습을 관찰할 수 있는데, 바로 발 앞의 바다까지 석양의 빛이 물들게 된다.
정원의 왼편에 위치한 주거 공간은, 독립적인 채들로 이루어져 있고 각각의 명상공간을 확보하고 있다. 외부에서 보았을 땐 보이지 않으나, 지하로 내려가면 아트리움이 있는 실내로 모두 이어지게 되어있다. 또한 물이 떨어지는 하나의 명상공간으로 이어지게 된다.
도서관, 식당, 회당은 주거공간에 비해 보다 직접적으로 서로 연결되어 있다. 이들이 이어진 부분은 사용자의 이동 통로로서의 기능 뿐 아니라 빛을 공유하고 분위기를 이어주는 역할을 한다. 또한, 부드러운 간접 광을 자연스럽게 받아들일 수 있는 구조로 만들어져 있다. 회당은 이중 벽으로 되어있는데, 회당 내부와 건물 바깥 사이에 옥상으로 올라갈 수 있는 계단을 두고, 건물 내부로 간접광을 끌어들이기 위함이다. 석양이 질 때 회당의 서편으로 나있는 개구부로 붉은 빛이 들어와 벽에 반사되어 내부를 가득 채우게 될 것이다.
기본적으로 이곳의 세 성소(명상공간)들은 모두 어두운 것이 아니라 밝은 특성을 가진다. 그리고 홀로 존재하는 것이 아니라 주변과 어떠한 관계를 맺으며 있다. 제1성소인 물의 명상공간은, 원래 흐르고 있던 냇물을 작은 구멍을 내어 빛과 함께 폭포처럼 떨어져 흘러나가 바다와 이어지고 있다. 제2성소는 위에서도 언급했듯이 여정 중에 유일하게 바다를 향해 연결된 공간이다. 그러나 시야가 매우 개방된 것은 아니고 어느정도 차단되어 바다가 가늘게 이어져 다가온다. 잡다한 시야를 차단함으로서 나와 앞의 것에 집중할 수 있는 효과를 생각했다. 제3성소인 회당 위의 공간은, 전망대와 같은 역할도 한다. 외부에서 온 방문객들이 자신이 어떤 곳을 걷고 있는지 잘 알지 못하는 공간을 지나 바깥과 시야가 차단된 회당 이중 벽 사이에 있는 계단을 올라가면 어느 순간 막혀있던 시야는 트이고 전체의 지형이 한 눈에 들어오는 공간에 서게 된다.

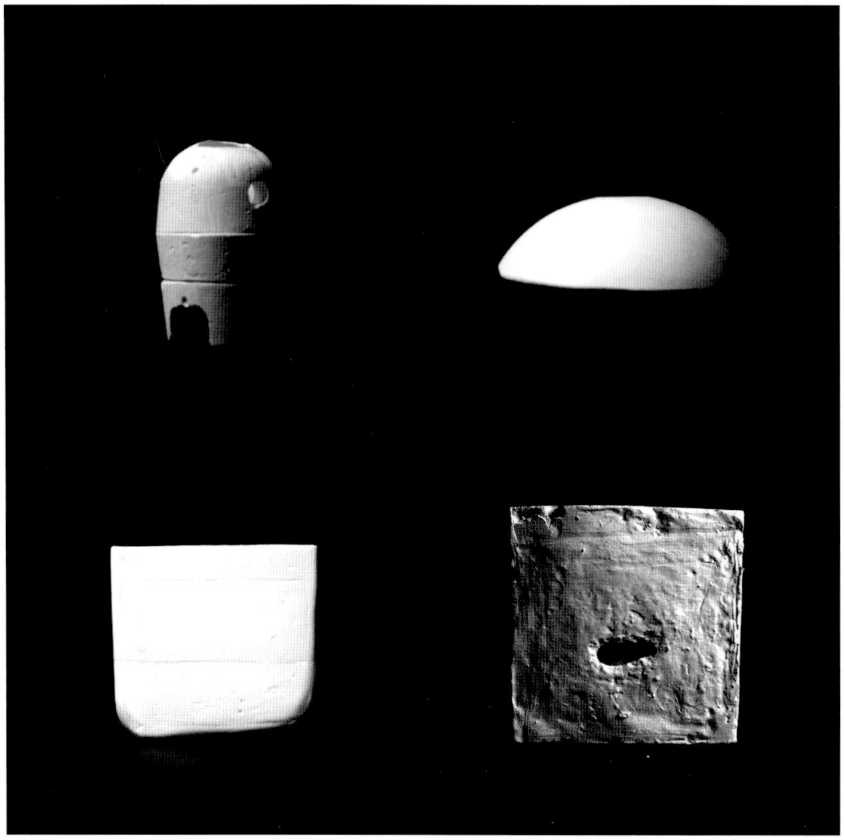

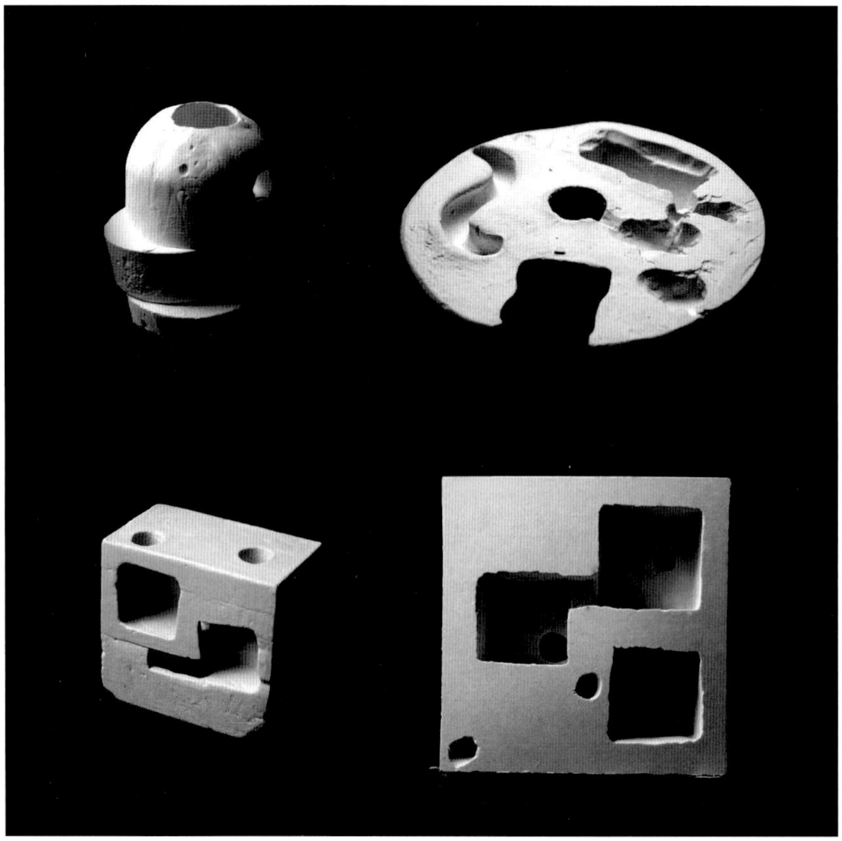

Connection - outside, inside (plaster casting)

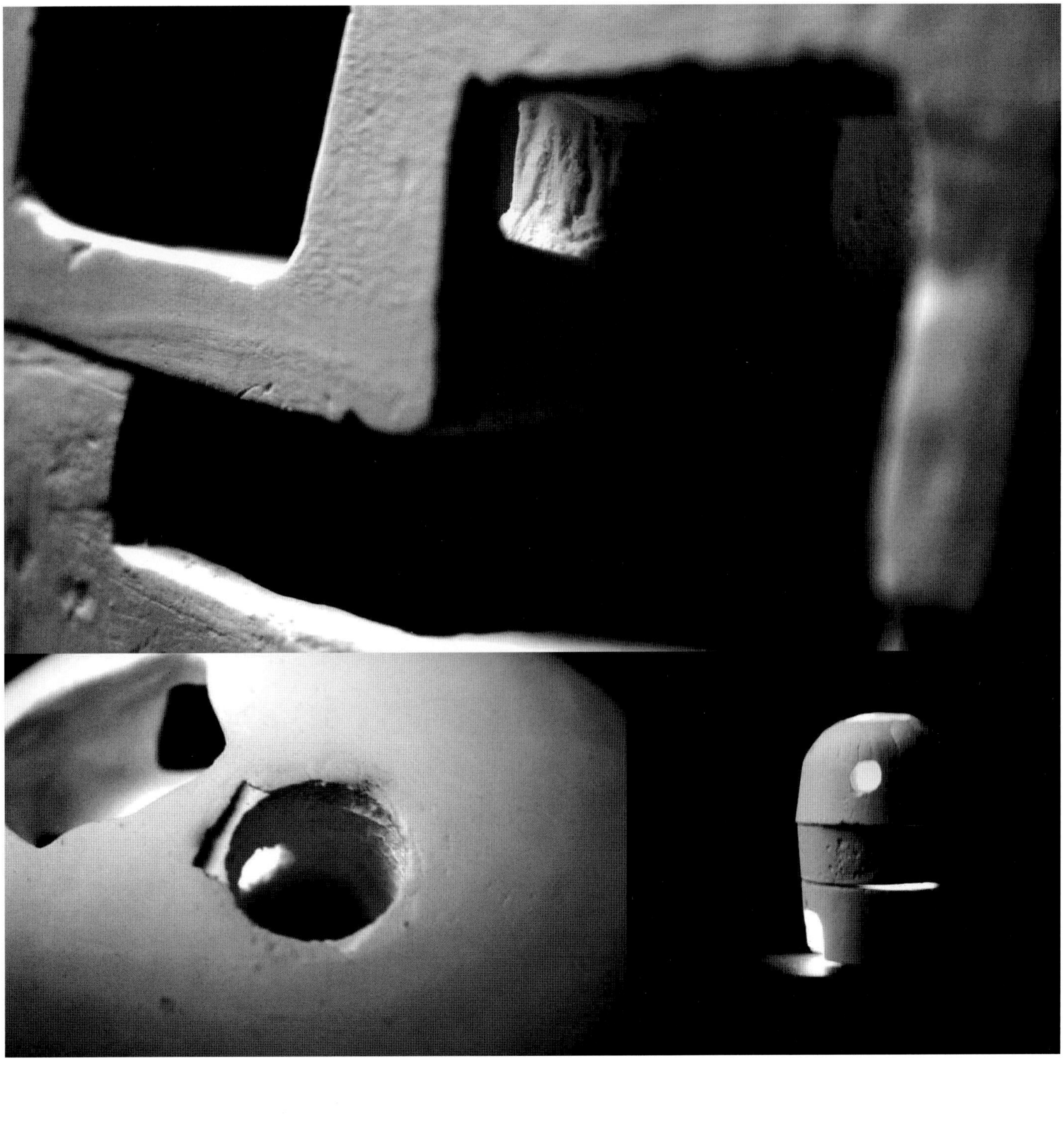

Connection - close up picture with light, each room is connected and affect each other

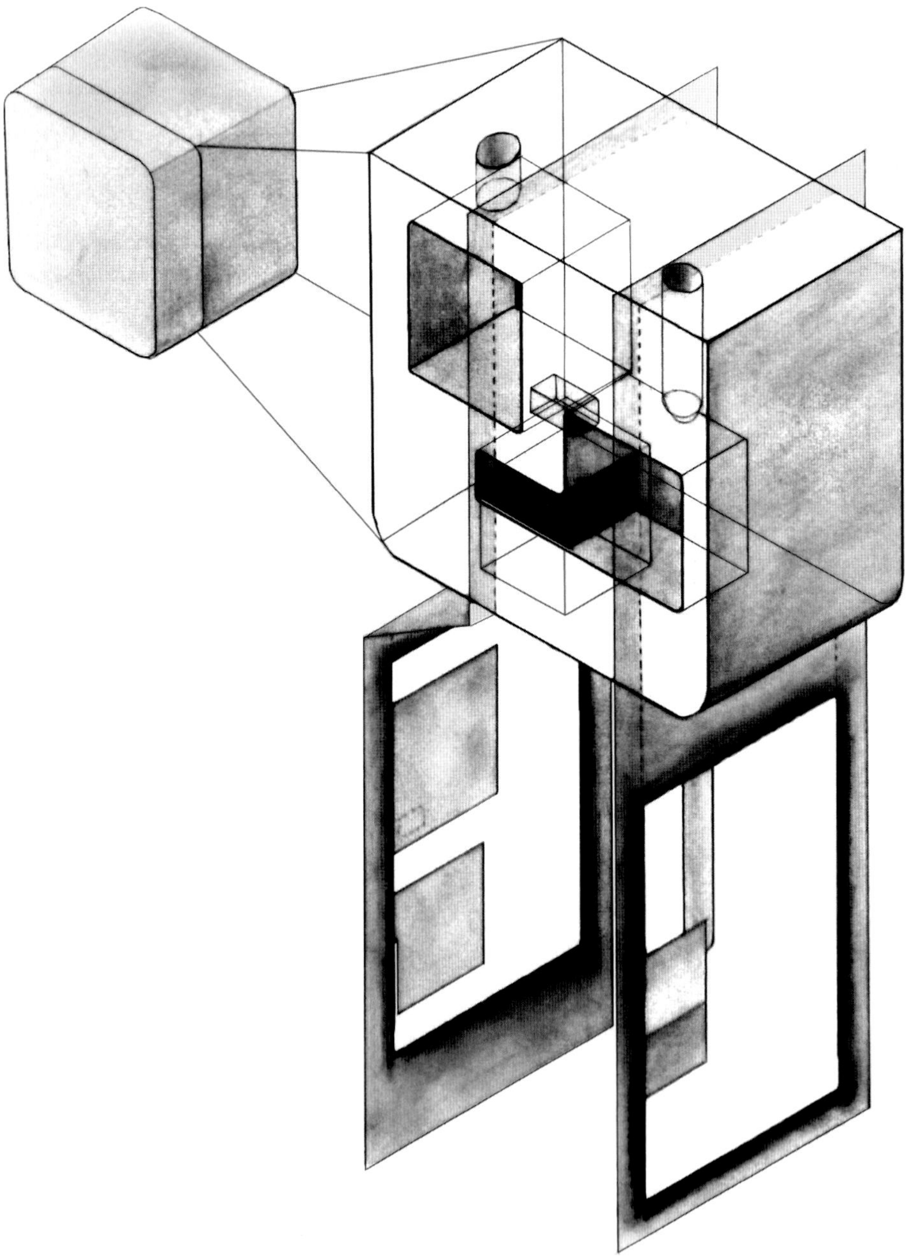

Connection - isometric and section slices

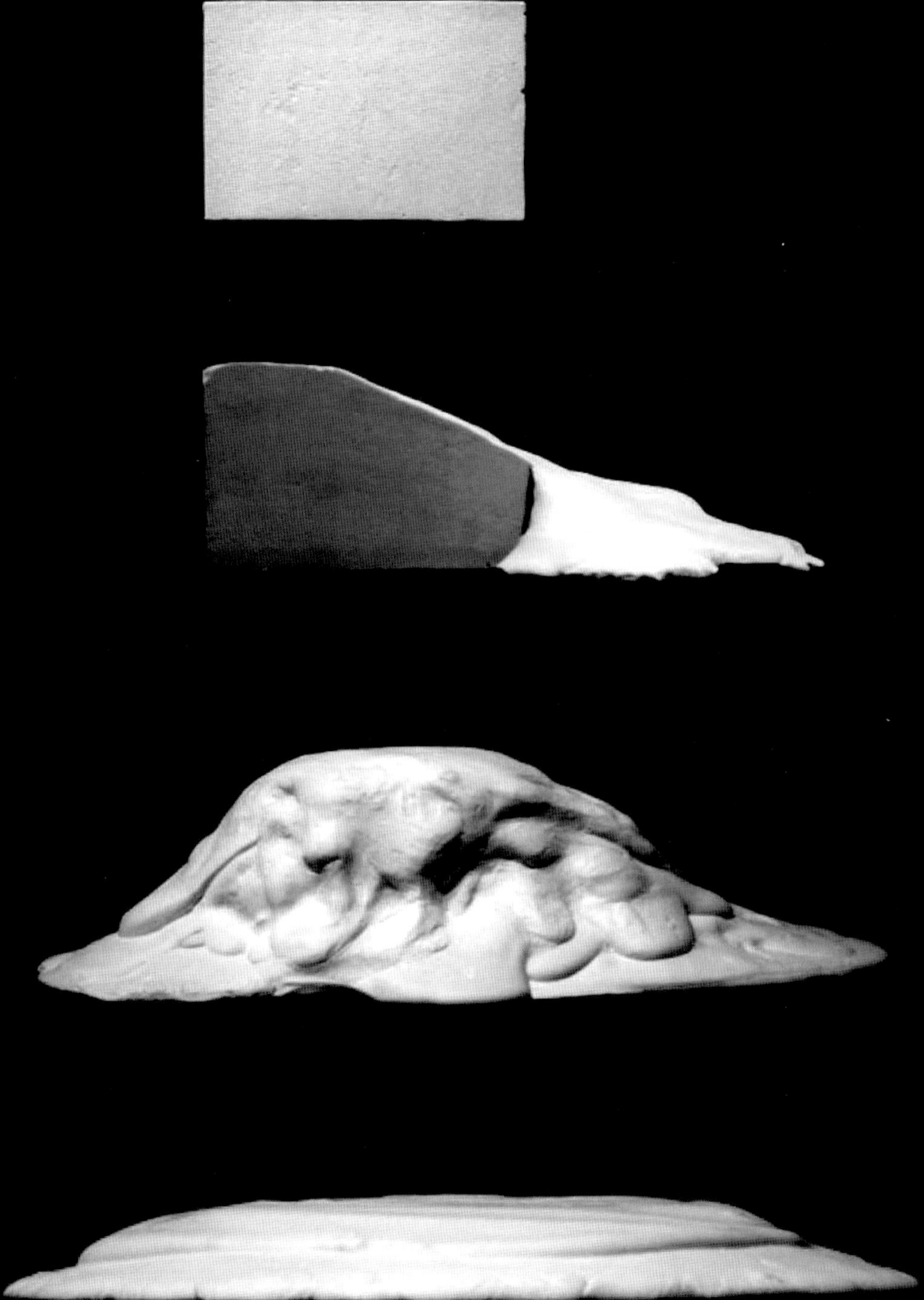

Derived - view similar to sands of desert

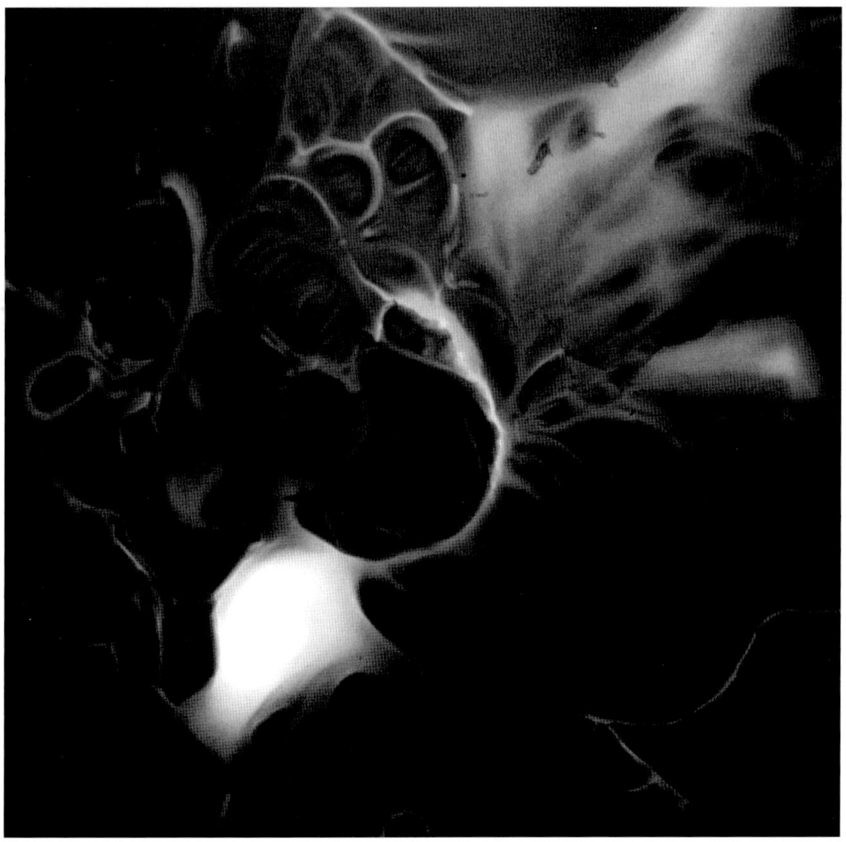

Derived - paraffin is removed / paraffin is still on and the light comes from the back

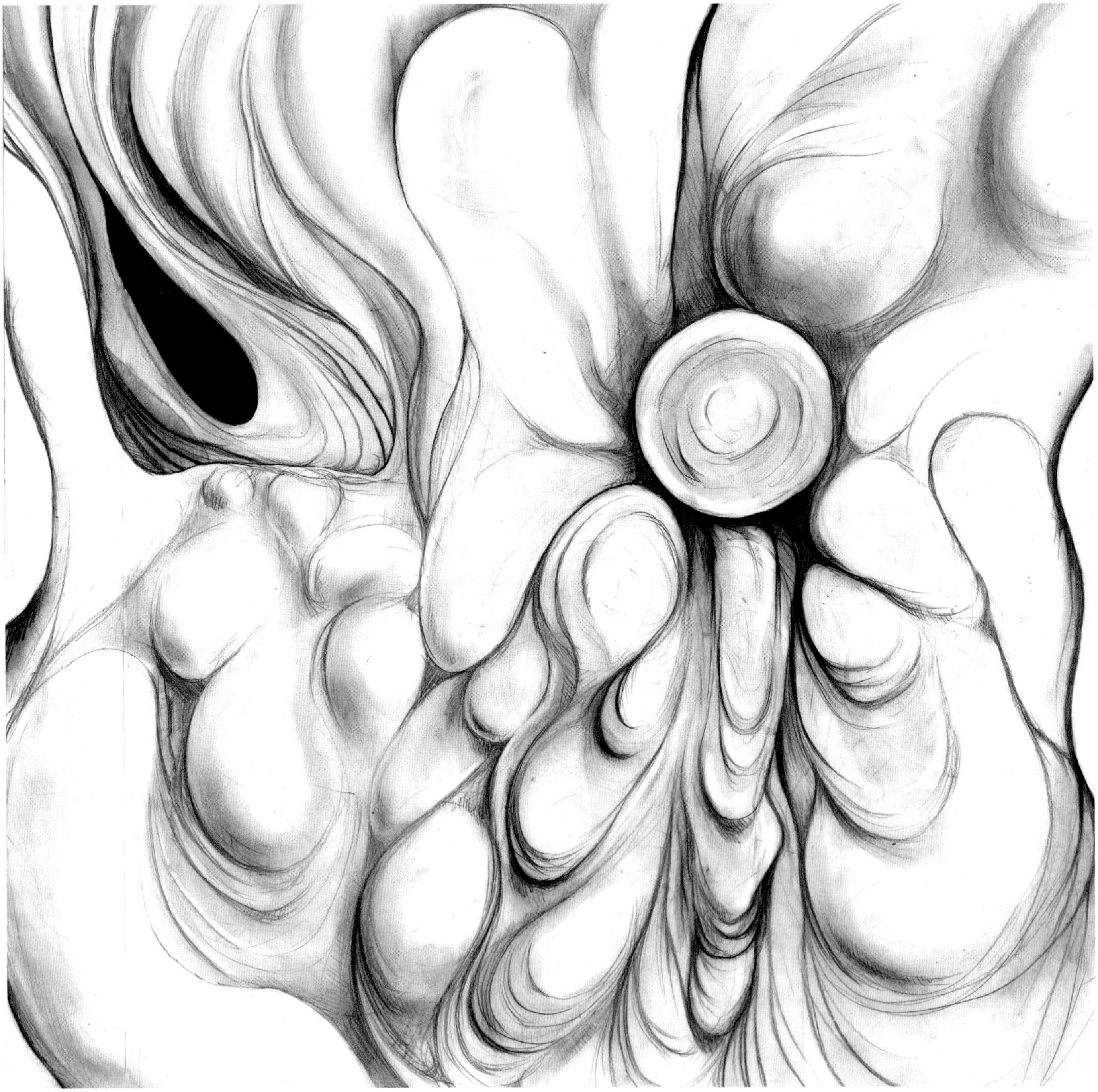

Derived - ups and downs of the surface

Spiritual retreat - 1:50 section model

Spiritual retreat - left: residential / right: gathering spaces

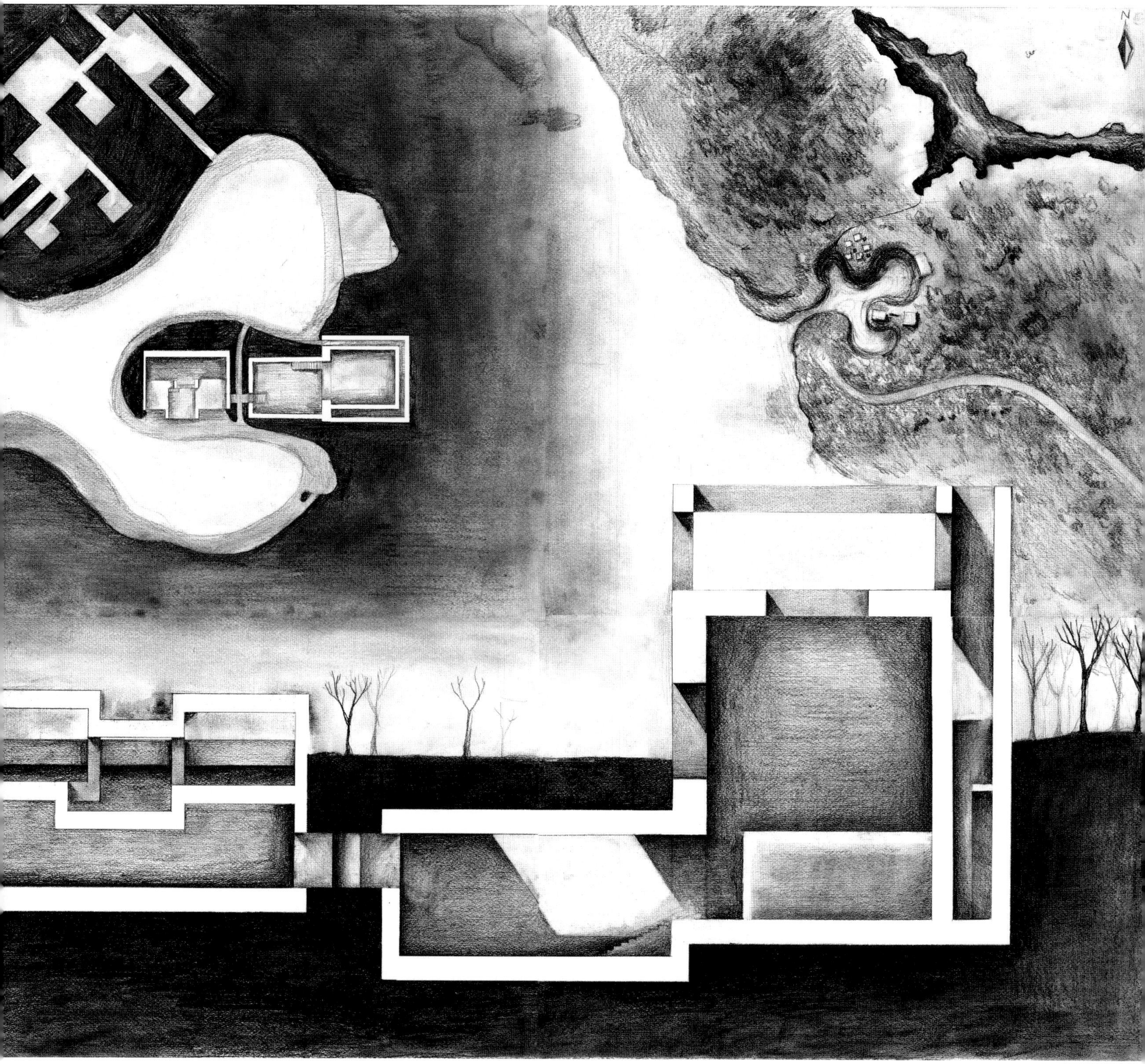

Spiritual retreat - plan, site plan, detailed section

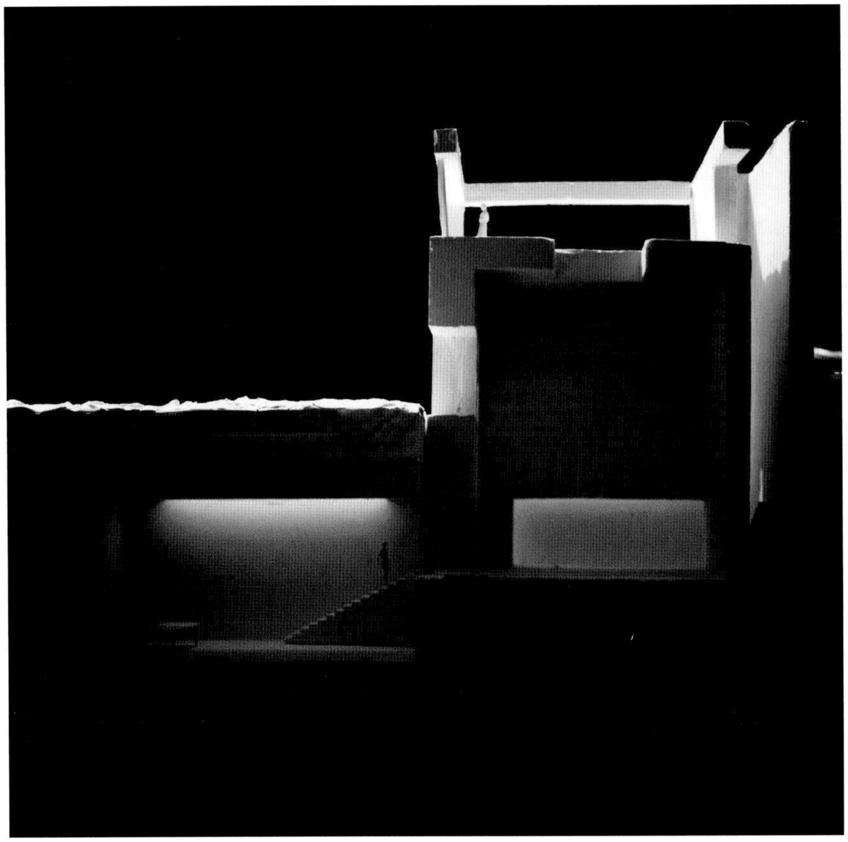

Spiritual retreat - top: light is smooth / bottom: light is from the sunset and reflected off the wall

Spiritual retreat - smooth light from the opening of the ceiling

Spiritual retreat - top: backside of the congregational room / bottom: view of the series of spaces

Spiritual retreat - different views

Force

Space Research

. Action & Reaction
Space is in a state of flux. Its boundary always changes, so the shape and size of spaces are changeable. This is because the boundary of space is defined by the interaction of various forces. The physical force that makes space caught my attention.
n the square shape model, forces of various directions that penetrate into the plaster(Action) meet in the inside and make space(Reaction). The forces move as they are alive, and how they go through the plaster and form space makes an impression of the space being alive. The light that comes out the hole enables us to identify that the space s inside.
The meeting of plaster and the wire net, that is trying to maintain the space inside, is freezed at the moment they rush toward each other. The plaster didn't invade the wire net completely. Looking closely, the plaster becomes small drops near the wire net. These forms of action & reaction show the lively action of forces and the fluid space.

2. Gravity
Gravity is the force that works throughout every moment in our daily life. If the phenomenon of pulling everything on earth, to the direction of its center, with constant acceleration g=9.8m/s^2] didn't occur, the form of artificially-made space and naturally-made space would be very different to the ones we know.
The model which was made by pouring plaster, which is shortly before hardened into a mould, with stairs. The elevation shows many things. As the stairs were removed, some parts of the cast floated, while a section shows gravity in work.
Three casts that used the same mould, with different conditions when hardened, were made in one set. Conditions were altered in each: stable, tilted to 1 point, tilted to 2 points, n a box-shaped mould with a common surface of the upper side. The 3 surfaces all bear he marks of the water surface always being horizontal with the ground, due to gravity.

3. Growth
From the bottom to the top, tree branches start from the thickest, and spread out to thinner branches. In the upper part, branches randomly spread out, but as the thick ones last in the bottom, generally, the tree maintains its middleness and equilibrium.
n the positive/negative models, which were made by piling up 3 different sizes of hexagons ike the space of a tree, the parts that hexagons intersect with each other seems to be made random, but they have a sort of rule in the relationship between angle and the shadow.
By imagining the combining of the positive and negative model, the intersection of the hexagons can become outer space, but at the same time it can become the inner space. As ime goes by, the space grows infinitely, like trees growing up.

Spiritual Retreat - Force Meeting Landscape

Seeing the landscape as a pure mass, we can come to know the forces which are related to he creation of the land, from the contour lines. The site: A steep mountain located on the North West seashore of Janbong Island, faces the West Sea. Where the steepest mountain and the least steep mountain meet and curve, is my site.

Standing at the sea shore, the site is hardly seen because of its steep inclination as the trees cover the landscape. As the place is a spiritual space, I wanted to set up the space as not-open to everybody, but only open to someone who puts effort into finding the space. So he initial ideas about the spiritual space is to be gentle with the landscape, being suitably hidden in the woods.

When forming the space, I found 2 forces which made the landscape of the site. One was heading from the sea to the mountain, and another was the one which has a vertical direction of the former. By maximizing these 2 forces, I was able to create inner spaces which were dug through. The force from the sea goes through the mountain in a large and shallow way. Vertical force works in a narrow and deep way. Where 2 forces meet, they become stronger and break up through the land, and here the light comes into the space.

The spaces of each force naturally meet the landscape and become entrance halls and meeting places. Deeper in the landscape, where forces meet, the most important 3 chapels exist on each floor. The light which comes from the hole touches the lowest part of the space, and combines the inner space into one.

Circulation goes with the direction of forces. The curve is connected naturally with the existing contour lines, and this makes the feeling of soft space. There is a strong force in he middle space, where forces meet together. People move along with the boundary of forces, which created space.

1. 작용 & 반작용
공간은 유동적이다. 그 테두리는 항상 움직이며 공간의 모양과 크기는 변화무쌍하다. 이는 다양한 힘의 상호작용에 의하여 공간의 경계가 정의되기 때문이다. 나는 공간을 만들어내는 물리적인 힘에 주목하였다.
석고를 뚫고 들어가는 여러 방향의 힘(작용)이 안에서 만나 공간을 이루는(반작용) 육면체의 모형에서의 공간은 굉장히 활동적이다. 힘들이 살아있는 것처럼 움직이며 안으로 빨려들어가 공간을 이루는 모습은 공간에 생명이 있다는 느낌을 준다. 밖에서 보이는 구멍에서 새어나오는 빛은 안에 공간이 있음을 확인시켜준다.
공간을 지켜내려는 철망과 이를 침투해 들어가는 석고의 만남은 시간을 멈춘 듯이 굳어있다. 전체적으로는 석고가 철망을 완전히 침투하지는 못한 모습, 세부적으로는 철망을 빠져나가다가 방울이 되어 굳어진 모습이 힘의 생생한 작용을, 그리고 유동적인 공간을 보여준다.

2. 중력
우리의 생활에서 매 순간 작용하고 있는 힘, 바로 중력이다. 지구의 중심의 방향으로 지표면 위의 물체들이 모두 [g=9.8m/s^2]의 일정한 가속도로 힘을 받는 것, 이러한 현상이 발생하지 않았다면 우리가 만들어낸 공간, 자연의 공간은 그 형태가 우리가 아는 것과 많이 다를 것이다.
굳기 직전의 석고를 틀 안의 계단으로 흘려보내 중력을 받고 있는 순간을 포착한 모형은 그 입면이 많은 것을 드러내고 있다. 이 때에 쓰였던 계단은 제거 되면서 어떠한 부분은 떠있고, 한 편으로는 중력이 작용하고 있다는 확실한 단면이 만들어지기도 했다.
똑같은 틀을 세가지 다른 조건에서 굳힌 석고 모델이 하나의 세트로 만들어졌다. 안정적인 육면체, 한 점이 들어올려진, 두 점이 들어올려진 세 개의 육면체의 윗면에는 중력이 작용하고 있어 매 순간 지표면과 수평을 이루는 수면의 흔적이 남아있다.

3. 성장
나무는 아래에서 위로 굵은 가지로부터 얇은 가지로 퍼져나간다. 위로 갈수록 가지들은 임의로 여러 방향으로 뻗어가지만, 아래의 굵은 가지가 버티는 한 전체적으로는 균형과 중심성을 맞춘다.
 세 가지 크기의 정육각형을 나무의 공간과 같이 쌓아올려 만든 양/음의 모델에서 육각형과 육각형 사이의 교차하는 부분들은 임의로 만들어진듯 하면서도 그 각도에 따른 그림자의 어떠한 규칙을 갖는다.
양과 음의 모델의 조합으로 육각형들이 겹쳐지고 파이는 부분이 표면이 되기도 하고 공간이 되기도 한다는 상상을 해본다. 그리고 이 공간은 시간이 지날수록 키가 커지는 나무처럼 무한대로 성장한다.

힘과 지형의 만남

지형을 순수한 매스 덩어리로 보았을 때 우리는 지형이 만들어졌을 때에 받았던 힘들을 등고선을 통해 확인할 수 있다. 사이트인 장봉도의 북서쪽 해안가에 있는 가파른 산맥은 바다와 마주보고 있다. 가장 가파른 경사의 산맥이 이보다 조금 완만한 산맥과 만나면서 휘어지는 곳이 나의 사이트이다.

실제 사이트에서, 사이트가 위치하는 산맥의 중턱에 해당하는 곳은 해안가에서 고개를 위로 아무리 들어도 잘 보이지 않는다. 신성한 장소이니 만큼 아무에게나 열려있지 않는, 찾아오고 싶은 사람들만 공을 들여 찾아가는 곳이었으면 했다. 따라서 초기의 아이디어는 숲 속에 적절히 숨어있는 모습으로 존재하는 공간이었다.

공간의 형태를 확정할 때에, 나는 사이트의 지형을 만드는 두가지 힘을 포착하였다. 하나는 바다에서 지형을 향하는 힘, 다른 하나는 이와 수직 방향으로 향하는 힘이다. 이를 극대화하여 두 힘은 지형을 파고 들어가 공간을 만들어낸다. 바다에서 향하는 힘은 넓고 얕게 지형을 파고든다. 이와 수직으로 향하는 힘은 좁고 깊게 지형을 파고든다. 두 힘이 만나는 곳은 힘이 만나서 강해져 지형 위로 뚫고 올라간다. 이 곳이 파인 지형 속의 공간에 빛을 들이는 중정이 된다.

각각의 힘이 해당하는 부분은 자연스럽게 자연 지형과 만나며 출입의 공간이자 사람들이 모이는 공간이 되었다. 지형 안쪽으로 더 들어가 힘과 힘이 만나는 곳은 가장 중요한 장소인 예배당 3개가 층별로 존재한다. 중정을 통해 들어오는 빛은 가장 밑바닥까지 빛을 들이며 내부 공간을 하나로 묶는다.

동선은 자연스럽게 힘의 방향과 함께하게 되었다. 등고선과 자연스럽게 이어지는 곡선이 만들어내는 공간감은 안에 있는 사람들을 부드럽게 감싼다. 힘이 만나는 중앙의 공간에서는 강한 만남의 힘이 느껴진다. 사람들은 힘이 만들어낸 공간의 경계를 끼고 움직이며 공간을 활보한다.

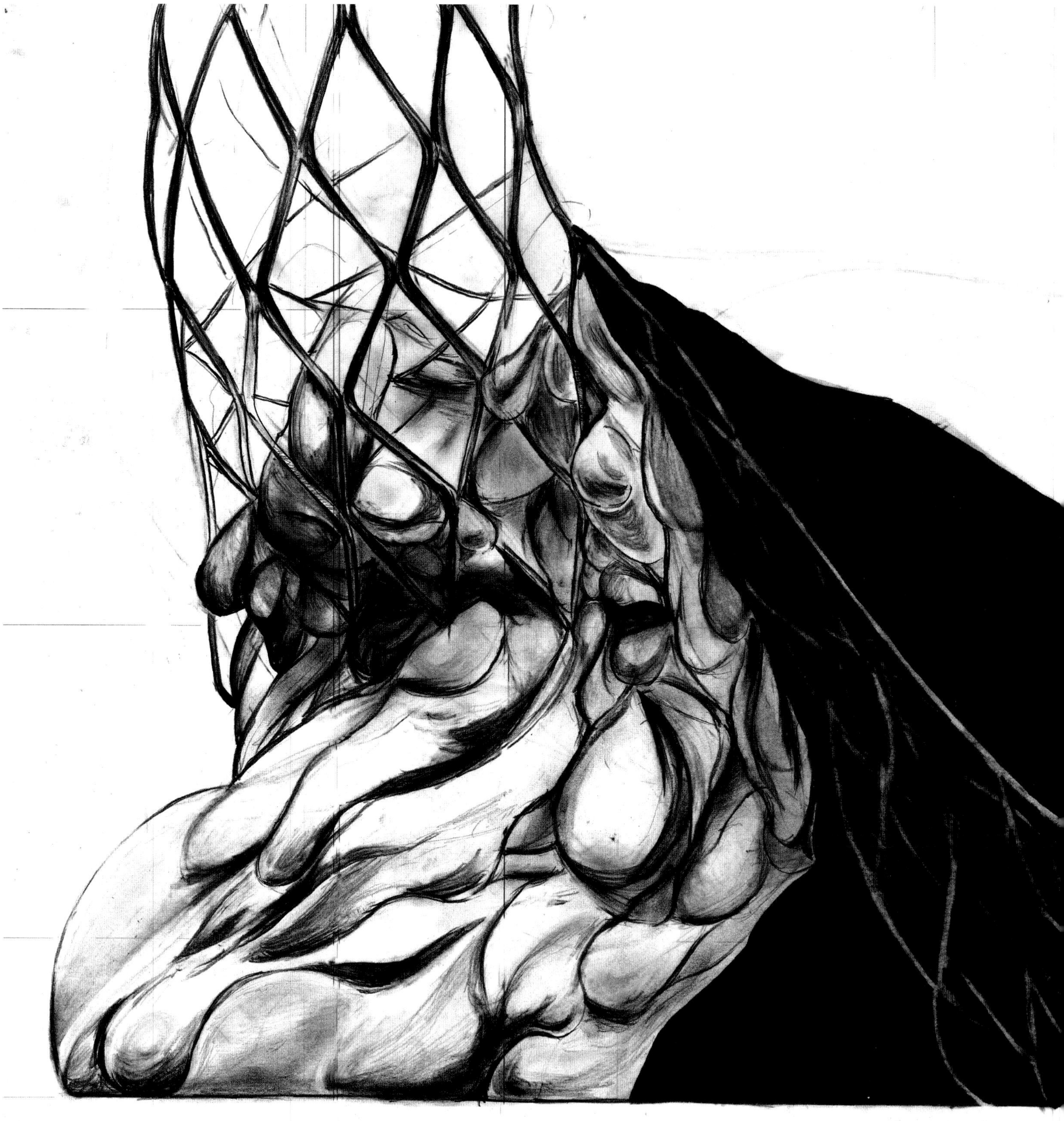

Action & reaction - section: plaster meeting wire net (pencil)

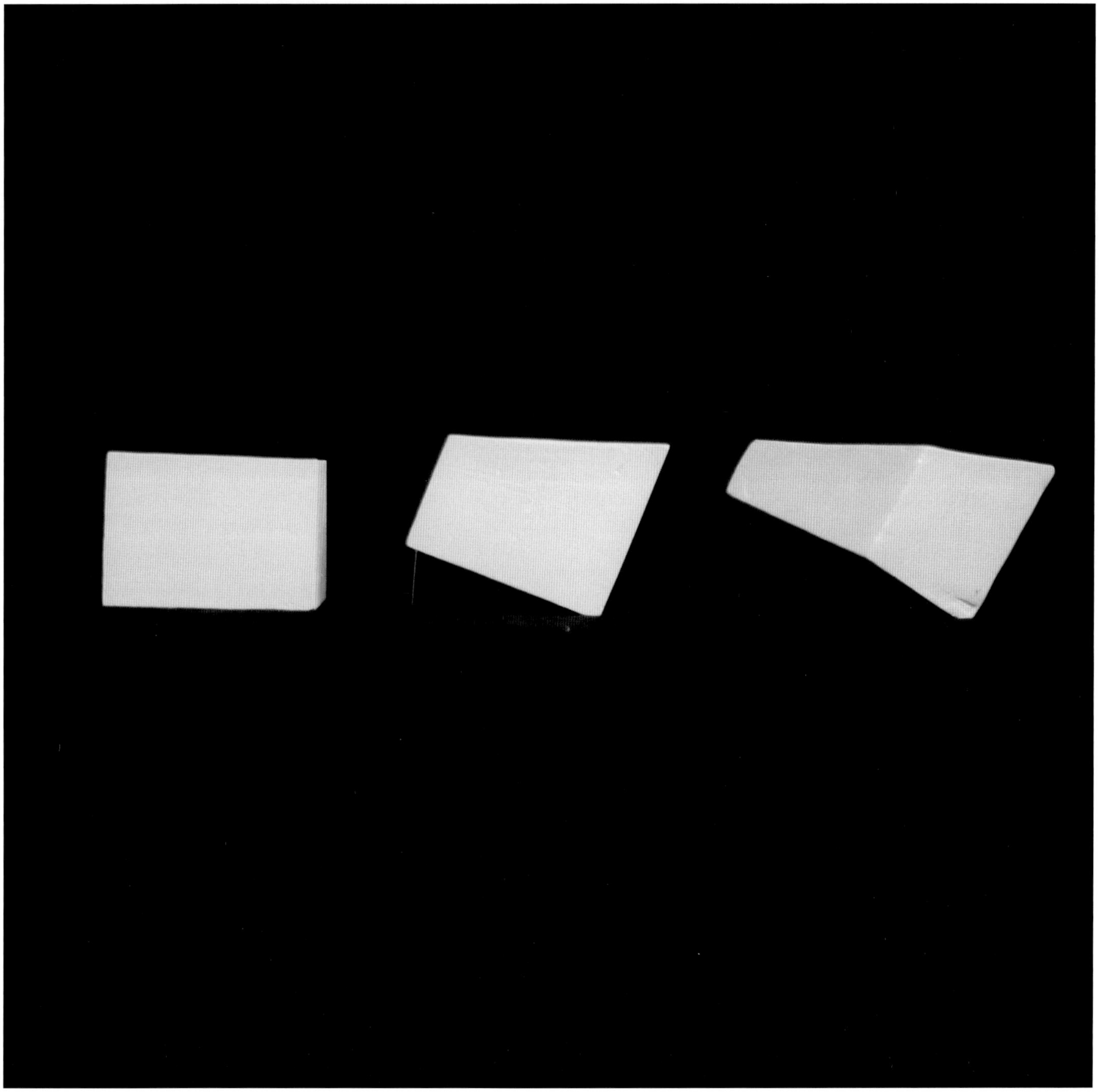

Gravity - stable, 1 point tilt, 2 point tilt (cast)

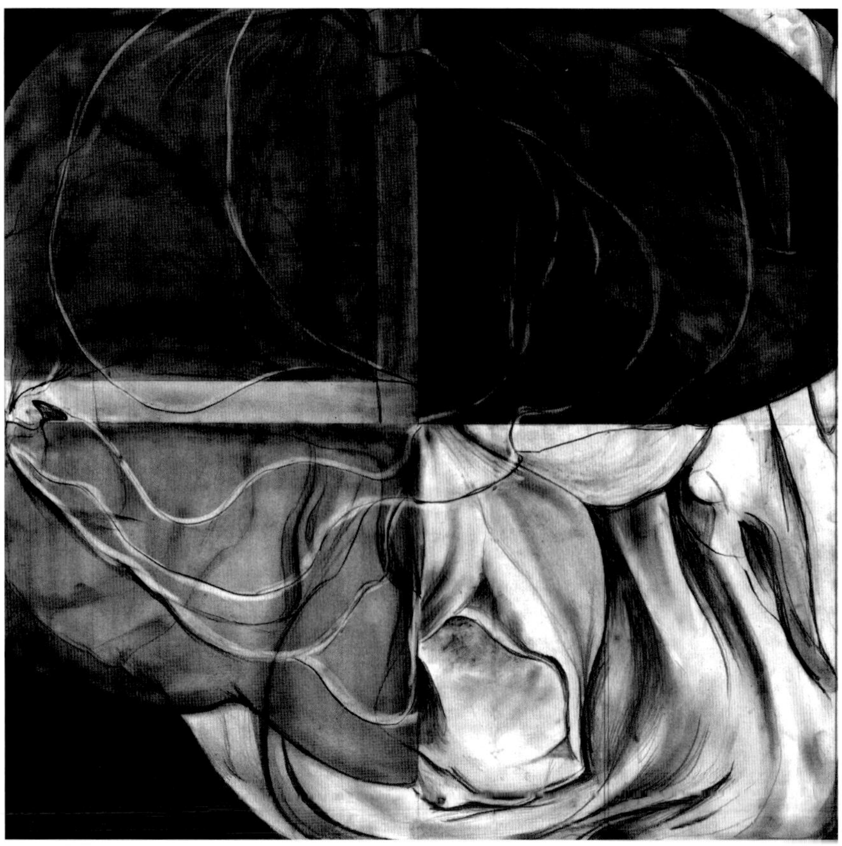

Gravity - top: space below the tilted model / bottom: as time passes plaster moves downward (pencil)

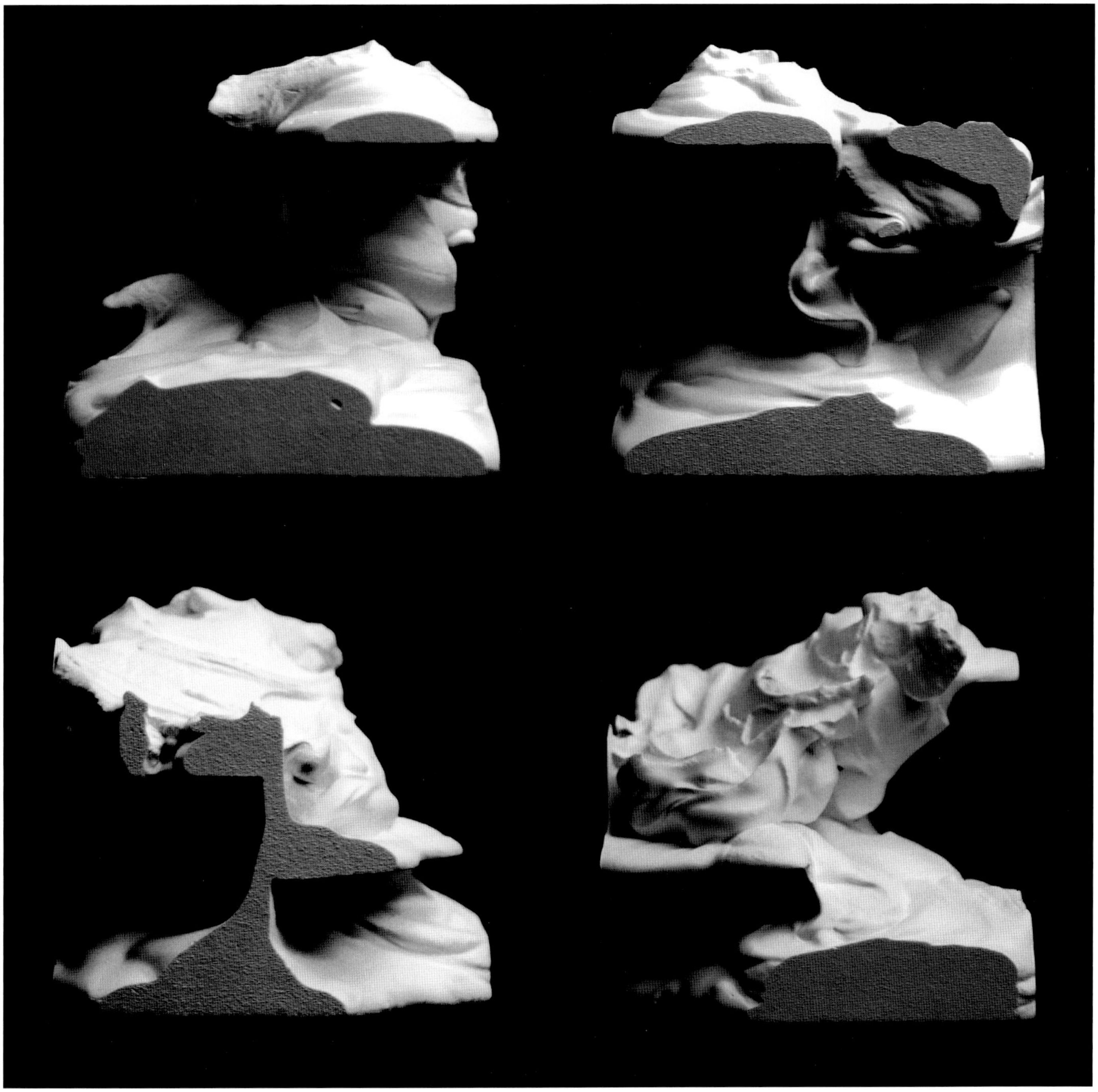

Gravity - elevations of the frozen moments of plaster pulled down by gravity (cast)

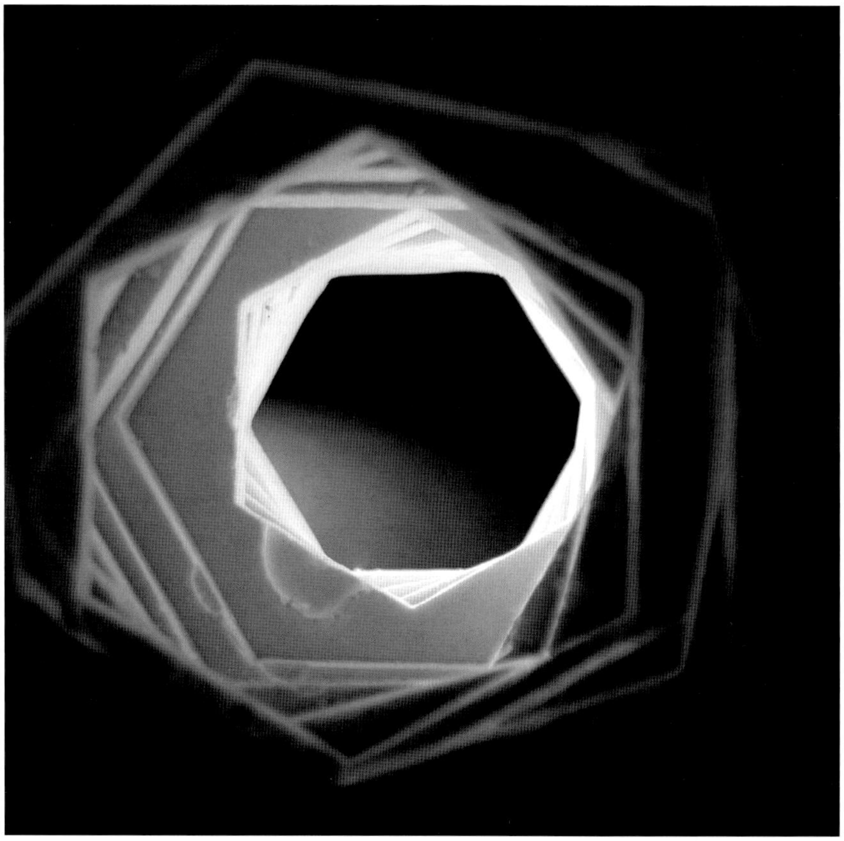

Growth - top: inside the negative model / bottom: outside the positive model (cast)

Growth - elevation of positive model and the section of negative model, possibility of growing spaces reversed (pencil)

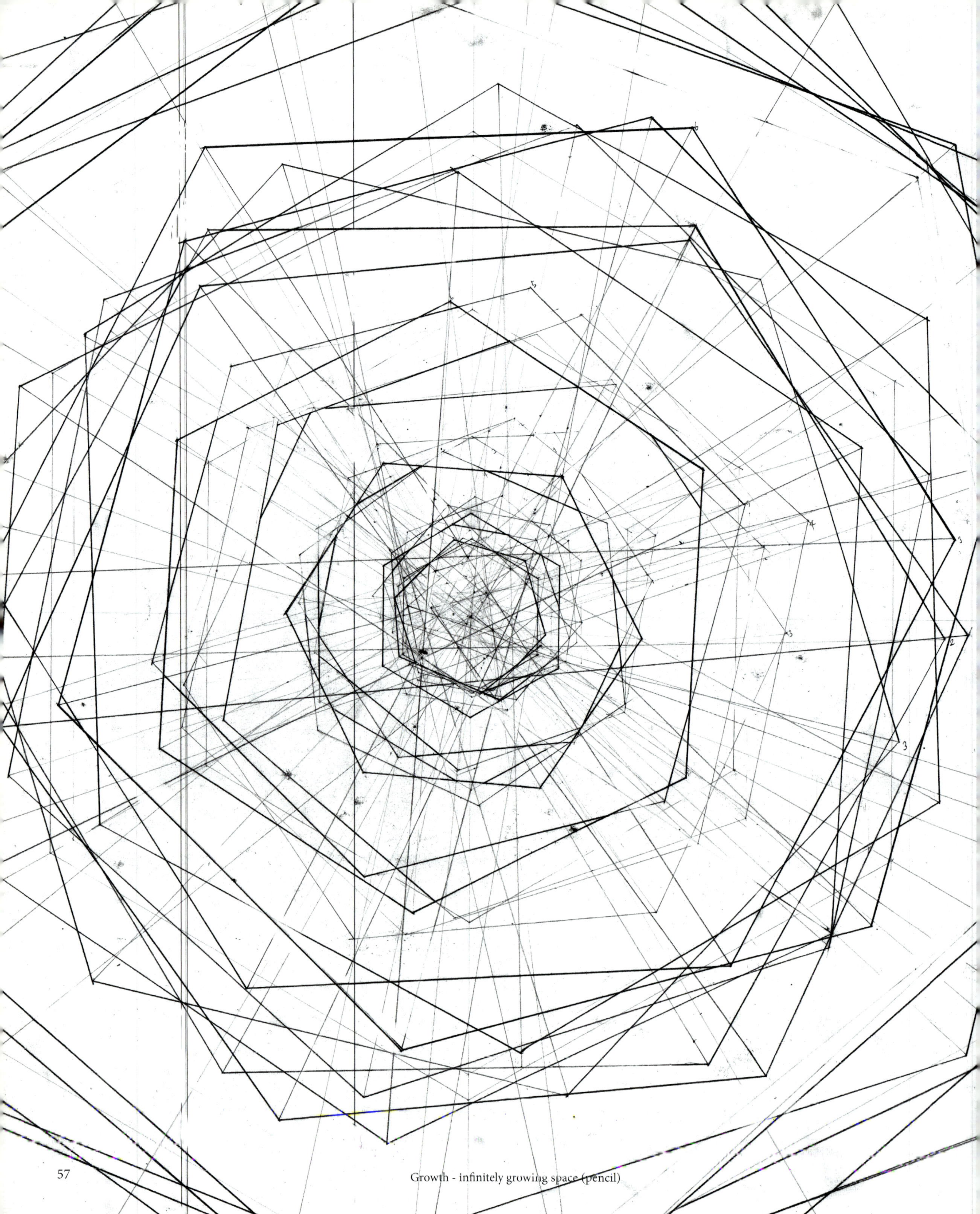

Growth - infinitely growing space (pencil)

Jangbong Island - site: northwest coast of Jangbong Island, wide open view of the West Sea

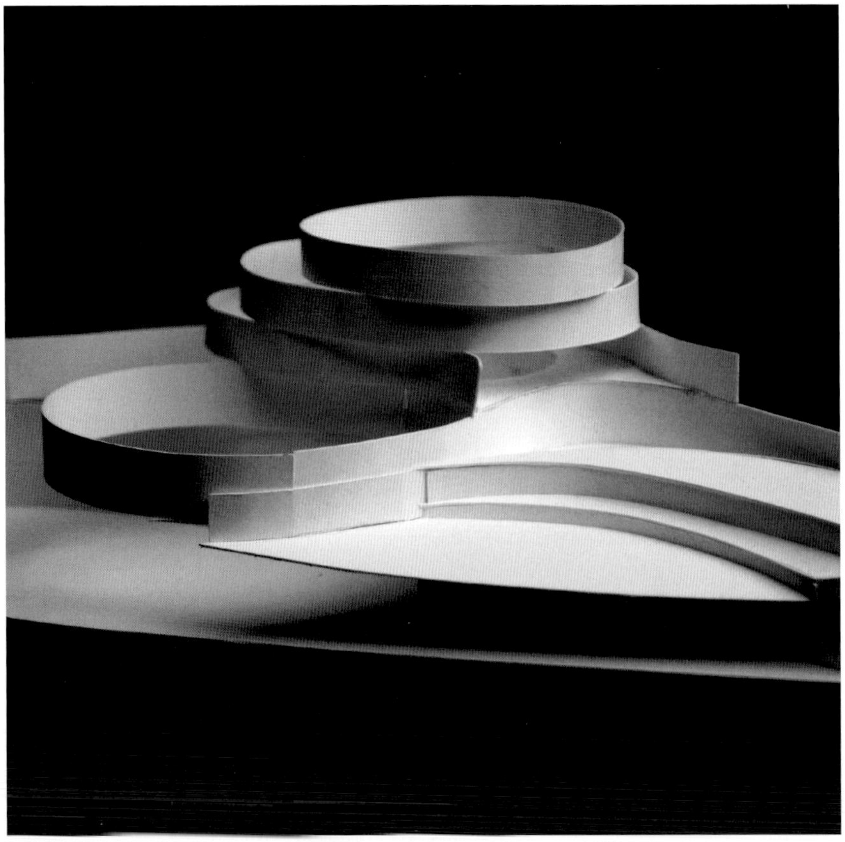

Concept Model 1:200 - model was made to make the space into a building scale, and to see how the forces work (paper)

Final Model 1:50 - the spaces of forces going through the landscape (cast)

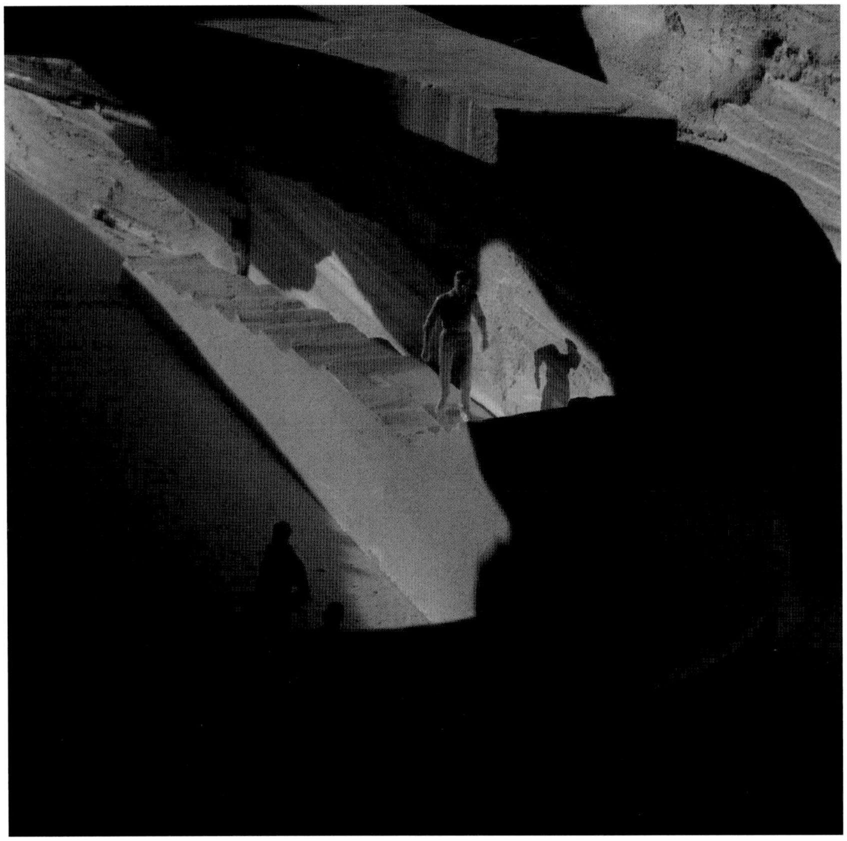

Final Model 1:50 - the flow of human traffic matches with the direction of forces (cast)

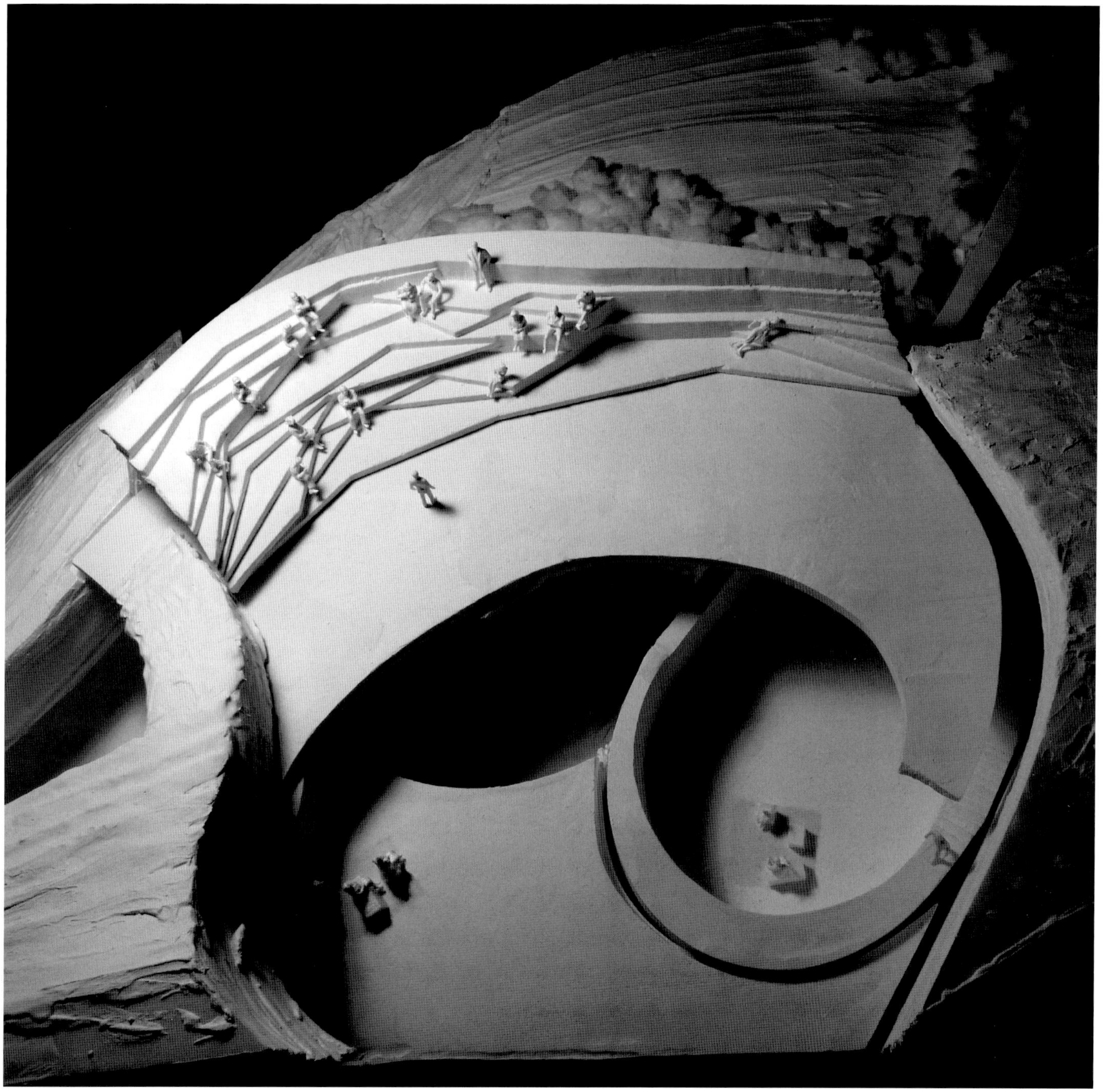

Final Model 1:50 - two forces meet in the middle and makes a strong feeling (cast)

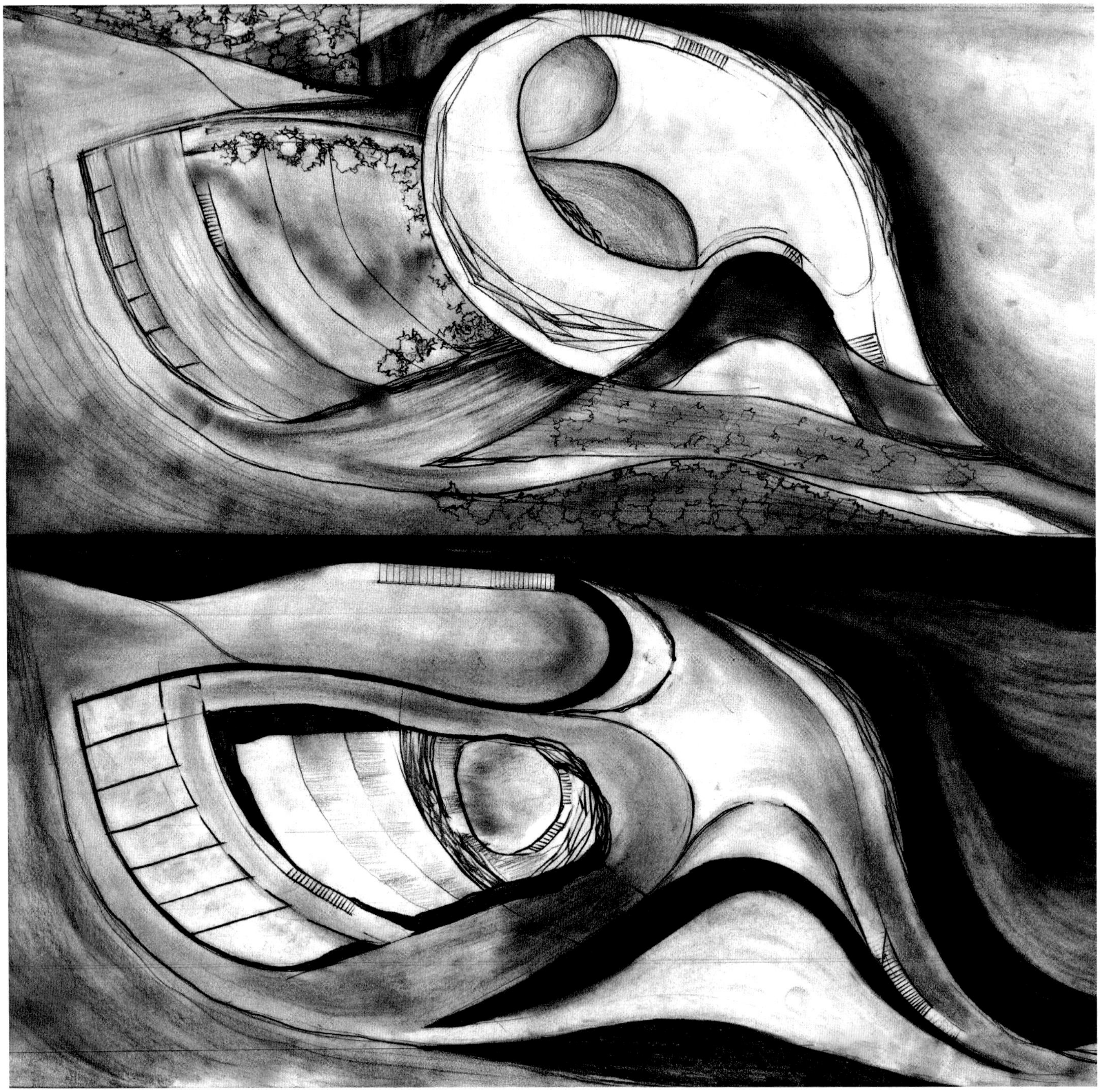

1st floor & 2nd floor plan - inside of the spiritual space, canteen, residential spaces, and chapels (pencil)

Site plan & section - entrance sequence and the spiritual space (pencil)

Platonic Space

Space Research

1. Topology
Our land is sphere. In other words earth is not a pure plain. This curved plain is connected as a space but disconnected in visual perception. Earth is not a pure sphere. It have many ridges and valleys that makes diverse spatial relationship.
Curved surfaces made by plaster (casting) have many points that have different traits. By putting pins in grid, every point of surfaces reveals itself. Pins are putted in 3 different ways 90 degrees to baseside, 90 degrees to tangential plane and parallel to the direction of light.Through the light, shadows of gridded pins cast on irregular surface and distinguish each area. In the end overlapping of gridded pins and irregular surface creates its own atmosphere.

2. Connection
City is constructed by the relationship of building and road. Road connects buildings. This kind of connection is completed on boundaries so called facade. It is the skin of space which operates as a filter of connection and disconnection. Interested on that special quality, space is formed by stacking facades.
Plaster (which could be fluid when mixed with water then becomes solide) can capture the moment of connection earned by stacked facades. Randomly arranged masses and voids are connected and disconnected in unrefined form. This uncontrolled space created 3 dimensional sensation not a 2 dimensional plan.

3.Variation
Circular space is not easy to divide for its radial traits. Walking through circular passage is strange experience because there are no indications showing where we are. This happens because of continuous physical space and distinguishing space of curcular space could make things different.
There are many ways to distinguish circular space such as distortion of circle, making windows. But without touching the base(circular space), putting another pure geometrical mass could be another solution. Variation from Triangle to rectangle and circle make different spatial division, shadows and change the original sensation of radiant space.

Spiritual Retreat - Platonic Space

Jang Bong Do-the island-is one of the islands near Incheon International Airport. We planned Spiritual Retreat alongside the coast line of Island. I planned spiritual retreat as a monastery for priests and prayers inside the forest. Island itself is spiritual because of its surrounding environment. Isolated quality of it creates spiritual retreat literally and also astonishing view of sea line creates spiritual atmosphere. Nature itself is already spiritual I tried to maintain the quality of it by hiding inside forest and land, but still raising sense of existence.
Basic programs are 3 chapels, residence for 18 people, canteen, library, congregational room and garden. I divided sacred area which contains 3 chapels for priests and prayers and un-sacred area which contains library and congregational room for every residents and visitors. Then, there is Residential area consists of garden, bedrooms and canteen that connect two different areas.
Before making spaces for actual project. I started to look and reviewed the element out of 'space research'. Each have its own shadow & light, variation of level, platonic masses. These becomes main sources of creating spiritual retreat.
Valley created by ridges of the island becomes a great place for hiding spiritual retreat. Spaces start from residential area which is circular garden. This garden cutted by the slope of mountain and opened toward West sea of Korea act as a center of bedrooms, canteen and even act as a hurb of movement between sacred & unsacred space.
Library and congregational room which is unsacred space located on the left side from the center. Congregational room have low floor height and big horizontal window attracting beautiful scenery of horizon. Library is connected to congregational room by staircas using its roof as a floor and share its view.
Sacred area connects 3 chapels as a whole. The main chapel, 1st chapel, have triangular plan which have directional nature but still have stacked layer, wall. This layers get smaller toward roof and create rough texture which create atmosphere when illuminated by the sunshine from triangular skylight.
2nd chapel is planned for praying room. Circular tower becomes individual space for prayer collide with wedges from corridor on the center and this central corridor becomes gathering chapel(more public). Still single towers are connected and act as pillars of light.
3rd Chapel is isolated tower on seashore which could be literally isolated by tide. Inside the tower have vertical moment while main chapel is horizontal. This moment is created by vertically juxtaposed layers and pinned with randomly directed needles. Light attracted inside collide with needles bouncing here and there. In the end, lights somes are direct while somes are shattered illuminate sacred place for a prayer who is isolated from the world.

1. 지형
우리의 땅은 굽은 땅이다. 이는 지구라는 것이 말그대로 '구' 이기에 이상적인 완전한 평면이 아니라는 것에서 출발한 생각이었다. 이 구라는 굽은 면 위의 공간들은 연결 되어 있지만 시각적으로는 단절된 영역이 형성된다. 지구의 땅은 단순한 굽은 면은 아니다. 언덕과 계곡이 형성되고 땅이 요동치며 수많은 영역을 만들어 낸다.
석고를 통해 제작된 굽은 면들은 수직의 핀들을 통해 그 성질이 드러난다. 각각의 핀들은 그리드의 체계 속에서 면에 수직인 방향, 빛과 평행한 방향, 하늘을 향해 수직인 방향으로 배치되어 빛을 통해 각 지점의 특징을 보여주고 동시에 전체가 규칙과 비규칙의 중첩으로 인한 분위기를 형성한다.

2. 연결
도시는 길과 건물들의 관계를 통해 형성된다. 길은 각 건물들을 연결한다. 이 연결이 형성되는 지점은 건물의 경계 곧 파사드이다. 이는 공간을 구분하는 피부로서 연결과 단절의 역할을 수행한다. 연결과 단절을 수행하는 요소의 중첩을 통해 공간을 형성하고자 했다.
석고라는 유동성의 물질을 중첩된 필터의 형태에 붓는 방식으로 공간이 연결되는 모습을(혹은 단절되는 모습) 포착하였다. 무작위적인 공간의 이어짐과 끊어짐이 큐브라는 형태 속에 매스와 보이드가 정제되지 않은 형태로 쌓여있다. 이는 단일한 2차원의 평면으로는 표현할 수 없는 3차원적 공간감을 형성한다.

3. 변주
원의 공간은 중심적에서 뻗어나오는 그 특성에 의해 공간의 영역이 쉽게 나눠지지 않는다. 원형으로 연결되는 통로를 걷다보면 내가 어디서 출발해서 어디로 가는지를 판단하기 힘들어진다. 이는 계속된 굽은 면이 끊어짐 없이 연속되기 때문이다. 이러한 특성을 나눌 수 있는 방법에 대해 생각해보았다.
원의 변형을 통해서, 창을 뚫음을 통해서와 같은 다양한 방법이 있다. 하지만 나는 단순한 기하학적 요소를 원형의 요소 속에 더함을 통해 공간을 형성하고자 하였다. 삼각형, 정사각형, 원형의 내부요소를 변화시키며 공간에서 드러나는 그림자의 변화, 영역의 변화를 실험하고자 하였다.

순수의 공간

장봉도는 인천 공항의 서쪽에 있는 섬들 중 하나이다. 우리는 이 섬의 연안 부분을 중심으로 하여 종교 시설(Spiritual Retreat)을 계획했다. 나는 이 곳을 수도원을 염두에 두고 설계를 시작했다. 도심 속의 공간이 아닌 섬이라는 위치는 이미 그 자체로서 종교적 은둔이 가능한 공간이다. 동시에 바다에 둘러싸인 위치적 조건은 명상과 예배와 같은 정신적 행위를 위한 공간이 된다. 이에 숲과 땅 아래에 숨어 있으되 동시에 외부로 그 모습을 드러내며 존재감을 보이고자 하였다.
기본 계획에는 3개의 예배당, 18인 안팎의 사람들을 위한 주거, 식당, 도서관, 회당 그리고 정원이 필요했다. 나는 예배의 공간을 예배자와 성직자를 위한 성역으로, 도서관, 회당의 공간은 모두에게 열려있는 비성역으로 구분하였다. 또 그 사이에 정원, 침실, 식당 등으로 구성된 주거의 영역을 통해 양 영역을 이어주고자 하였다.
공간을 만들어나가기에 앞서 space research 에서 형성된 요소들을 탐구했다. 각각 그림자와 빛, 높낮이의 변화, 절제된 기하학적 형태 등이 형성하는 공간의 감각을 구체화하여 담고자하였다.
섬의 산들이 만드는 굴곡들의 사이, 즉 계곡이 형성되는 곳에 숨어있듯이 배치된 공간은 주거의 영역을 만드는 원형의 정원으로부터 시작된다. 정원은 산의 경사에 맞춰 바다를 향해 열려 있으며 동시에 각 침실들의 구심점으로서의 역할을 한다. 이 원형 정원은 식당, 회관 그리고 성역의 홀을 향해 이어지는 이동의 구심점 역할을 수행한다.
비성역의 공간인 도서관과 회당은 전체의 중심에서 왼편에 위치한다. 회당은 바다의 수평선과 주위의 섬들이 가지는 풍경을 내부로 끌어드리기 위한 낮은 층고와 동시에 수평으로 길고 넓은 창을 가진다. 도서관은 그에 바로 이어진 계단을 통해 회당의 천장을 바닥과 테라스로 가지며 그 풍경을 공유한다.
성역의 공간은 3개의 예배당을 이어주는 공간이다. 가장 주요한 제1 예배당은 삼각형 형태의 방향성을 가지는 영역이지만 그것이 수평의 띠가 미묘하게 작아지며 거칠게 쌓이는 형태를 가진다. 빛은 삼각형의 꼭지점에 있는 천창을 통해 그리고 당을 향해 들어오기 위한 뒷 편의 공간에 있는 얇은 띠를 통해 들어온다. 이 빛이 다시 수평의 띠 위에 겹겹이 쌓이면서 공간의 분위기를 형성한다.
두번째 예배당은 기도를 위한 공간이다. 개별 공간인 원형의 타워들은 통로에 이어진 쐐기와 부딪히며 전체와 관계를 형성한다. 이로서 원형 안은 개인이지만 원형으로 들어가기 위한 복도는 개인이 아닌 공유의 공간으로 사용된다.
마지막 예배당은 홀에서 나와 바다가 있는 곳을 향해있는 탑이다. 조수간만의 차가 큰 영역에 위치해 드나듦이 제한된 영역이다. 탑의 내부에는 큰 말뚝들이 박혀 있는 수직의 켜들이 있다. 빛은 벽 위의 돌기들에 의해 산란되며 바다를 향해 고립된 누군가 위에 떨어진다.

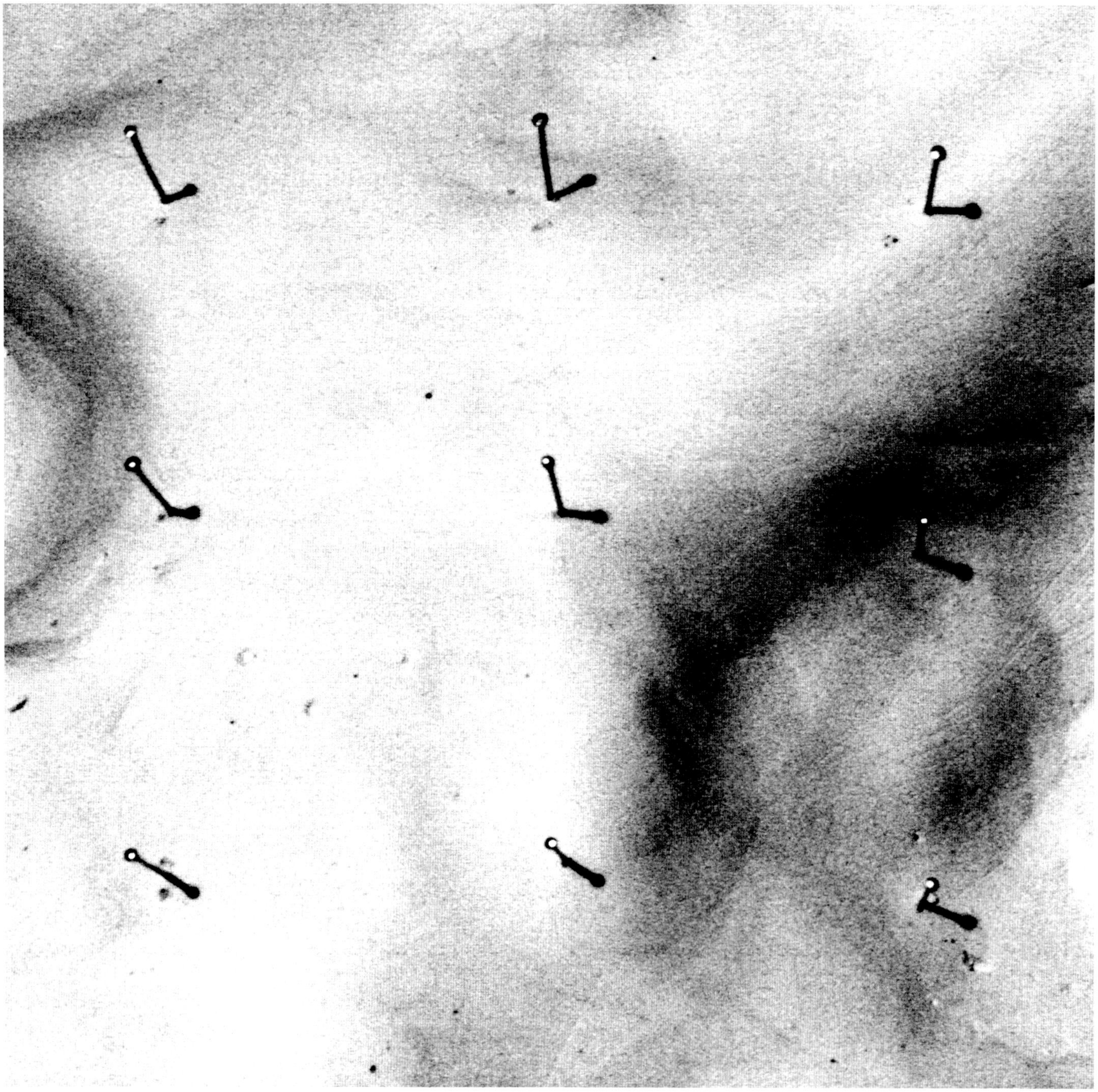

Topology - 90 degrees to baseside (plaster casting & pin)

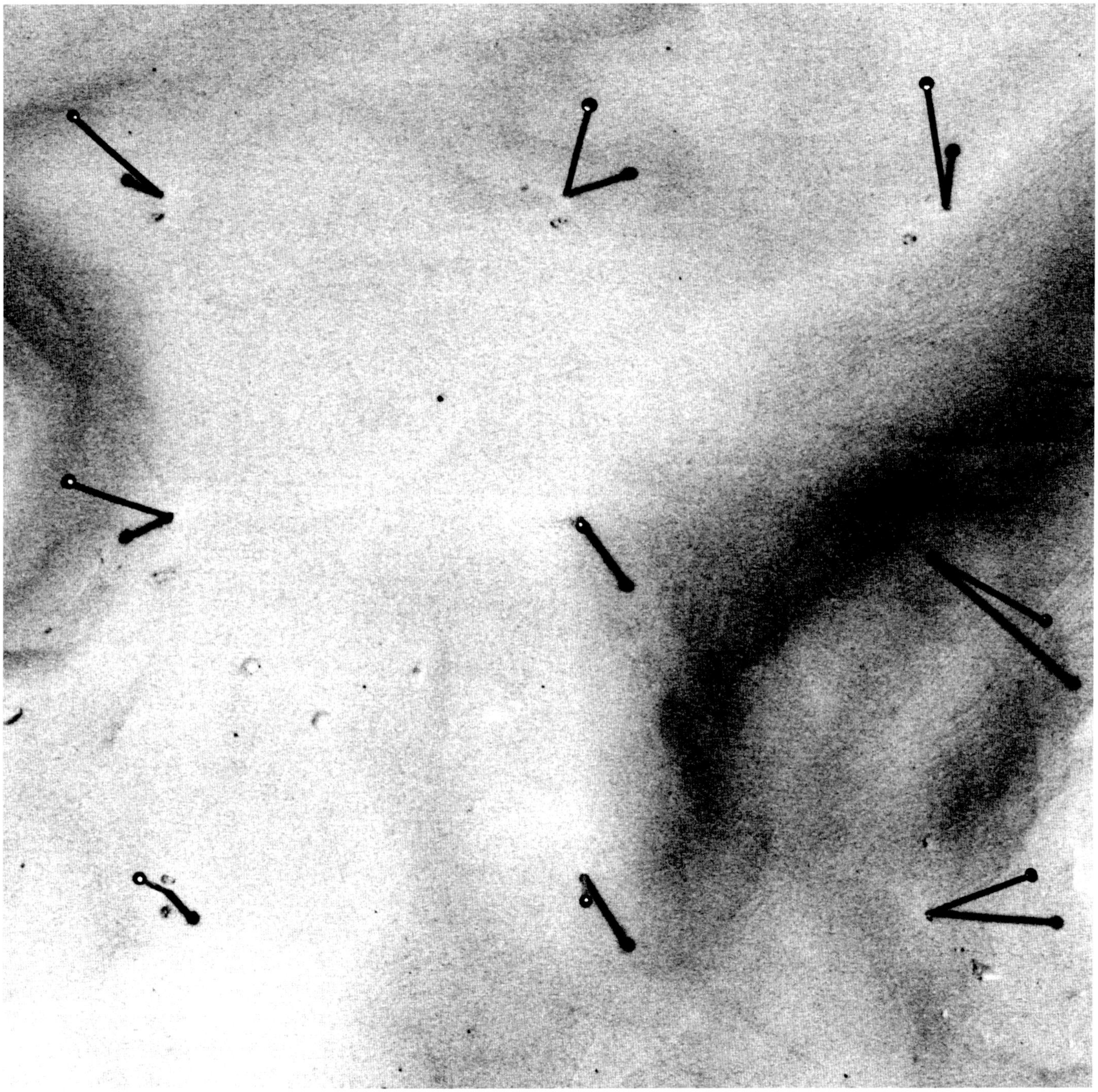

Topology - 90 degrees to tangential plane (plaster casting & pin)

Connection - space inside model

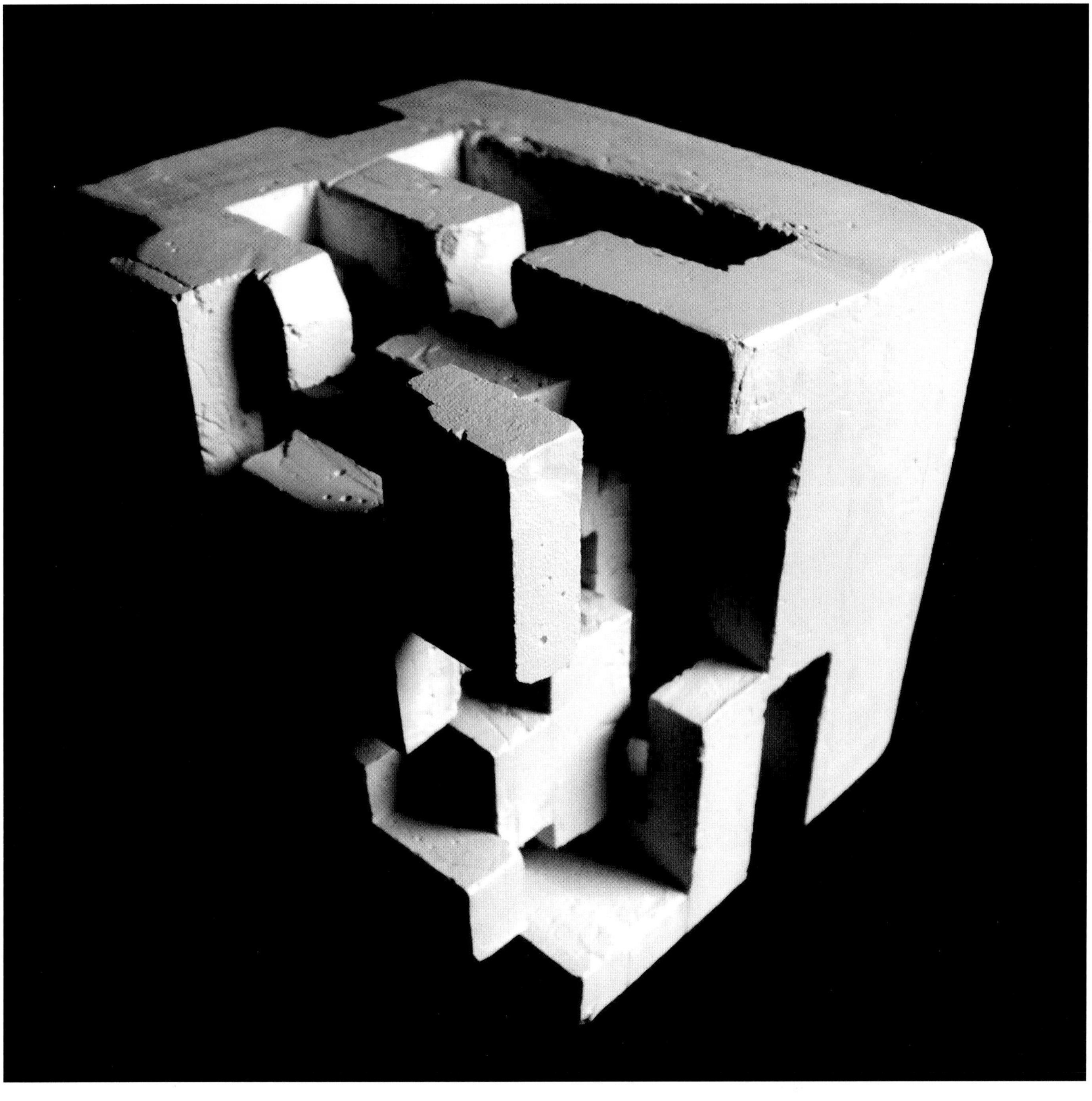

Connection - model stacking facades

Circle variation - top: photograph / bottom: pencil

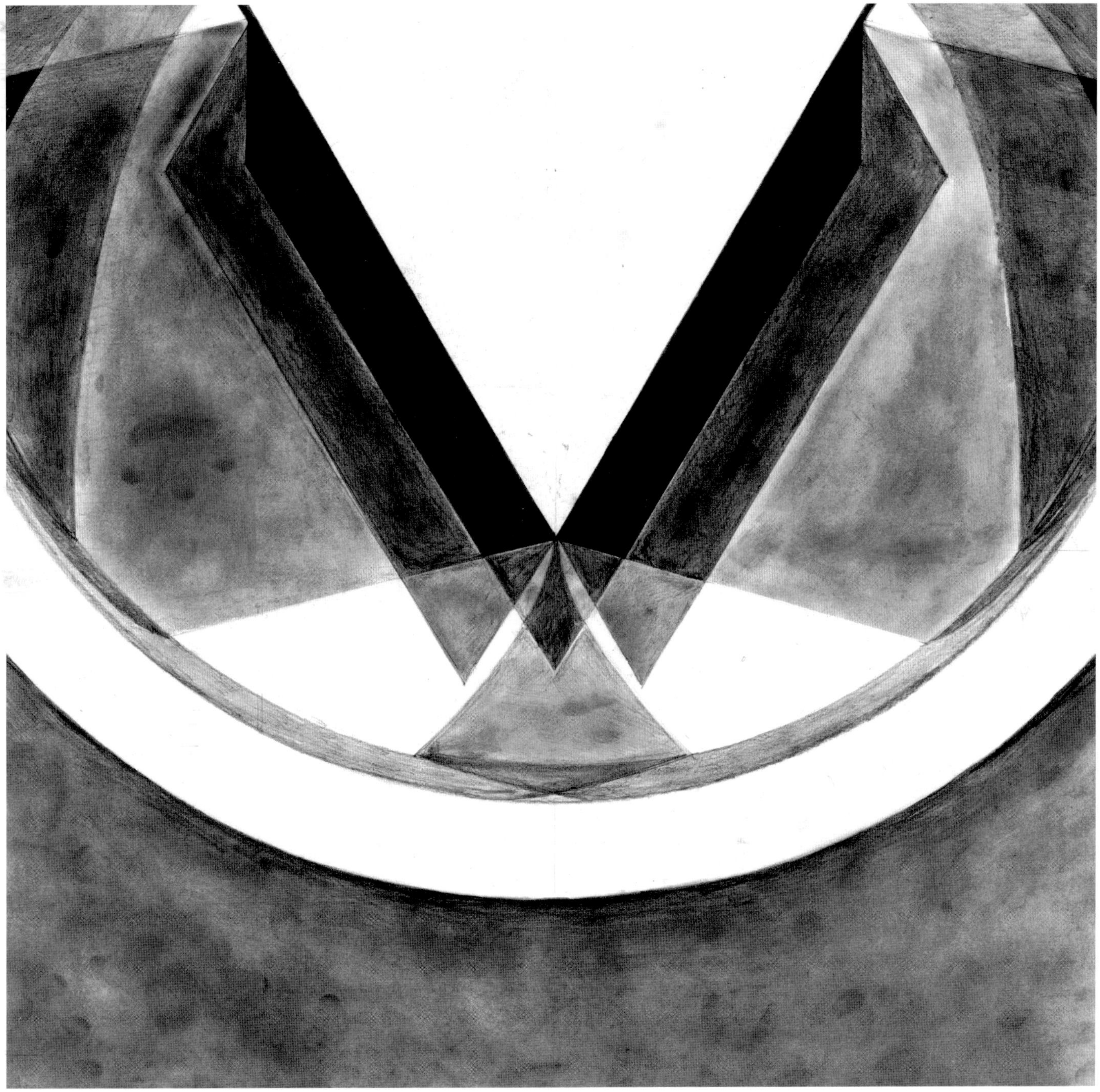

Variation - triangle in circle (pencil)

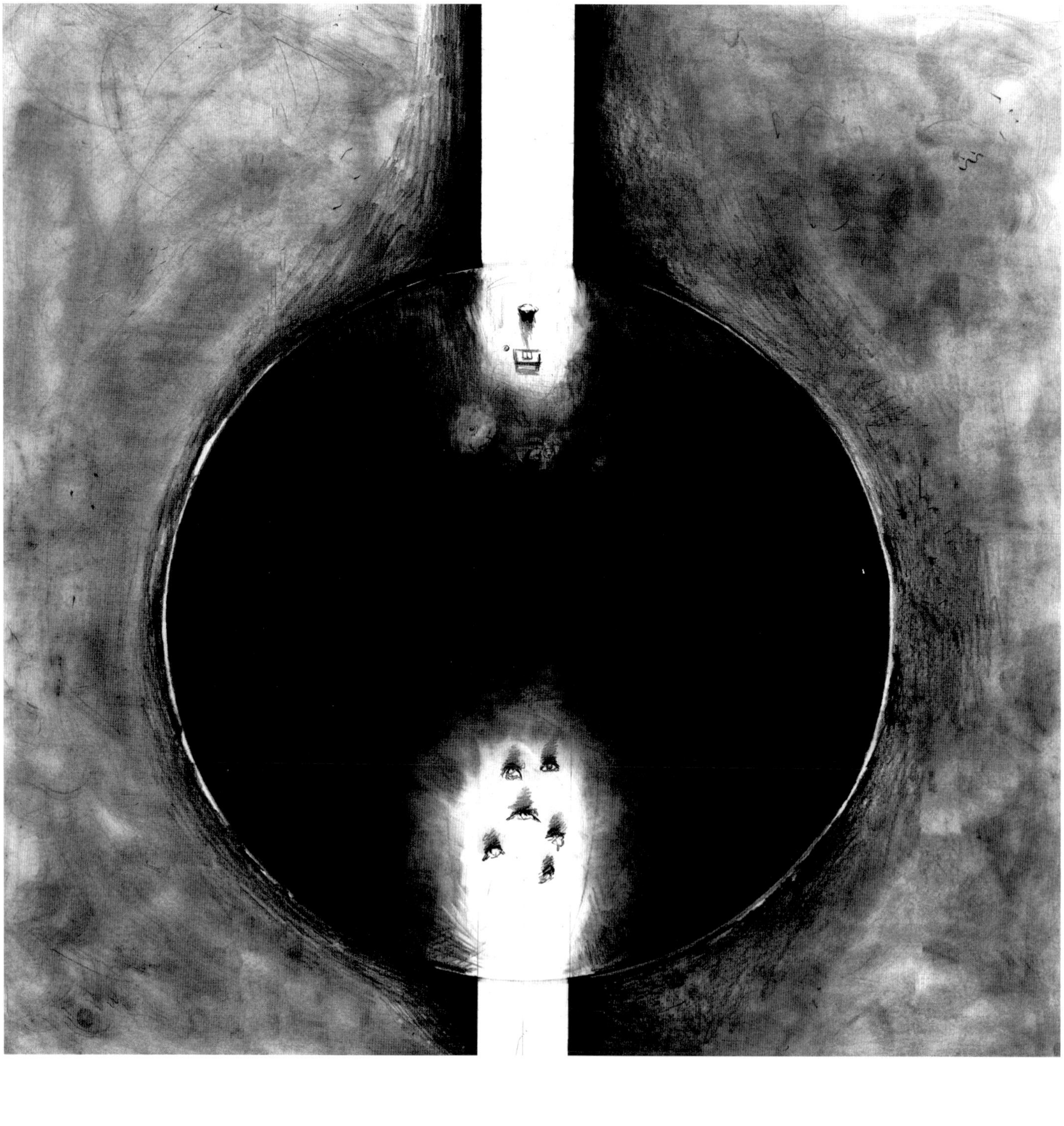

Variation gathering atmosphere (pencil)

Residential area - garden

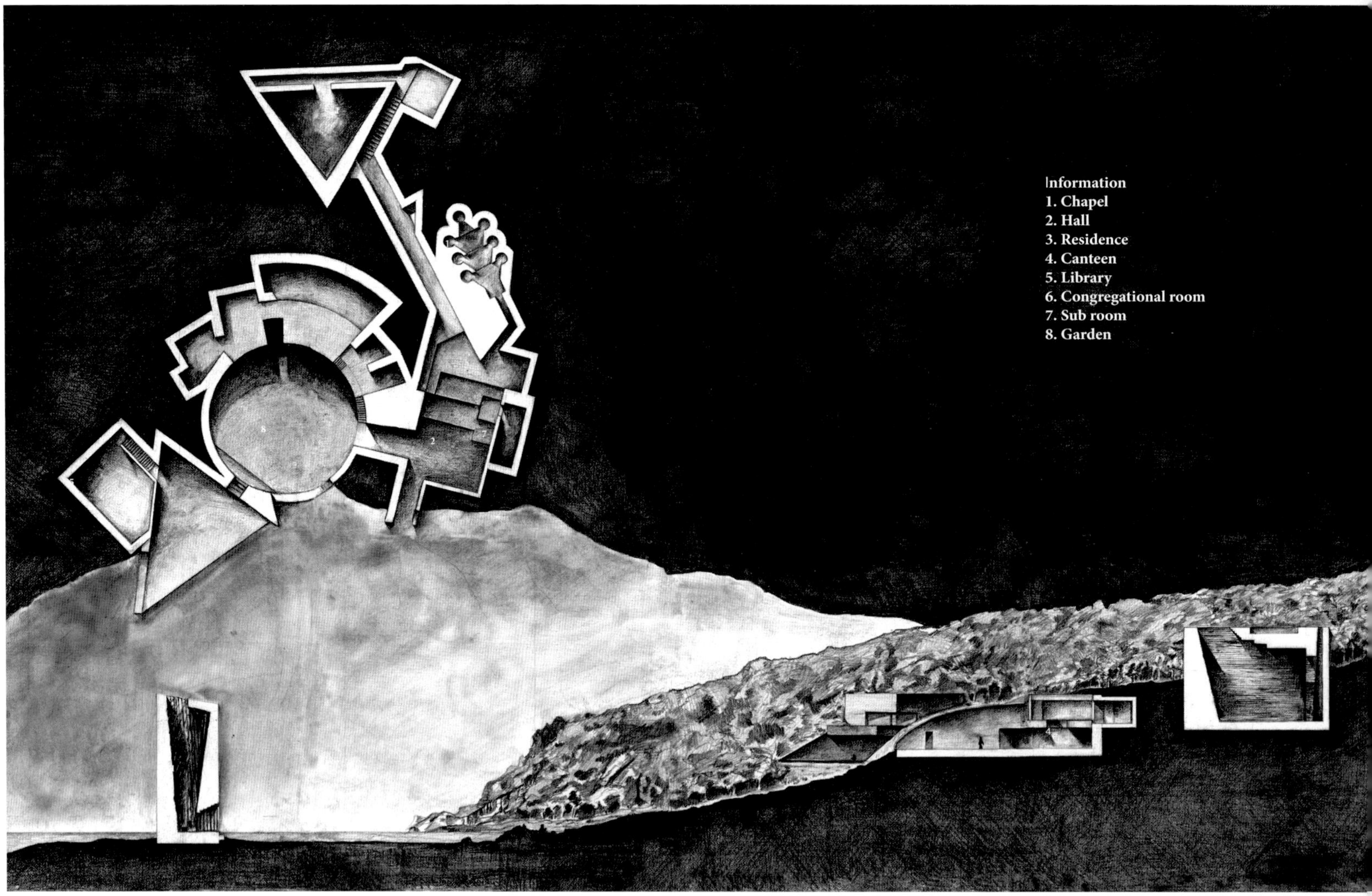

Plan & section drawing - 1:100 (pencil)

Spiritual retreat final model - 1:50

Top: sacred area - entrance hall / bottom: residential area - garden and rooms

Main chapel - gathering for service

Praying chapel - chapel for prayer

Isolated chapel - chapel for prayer

Prayer Center

Space Research

1. Uncomfortable space
It starts by thinking of the relation between space and people, especially the feeling which space gives to people. Despite being in the same space, what people feel could be different depending on the person. So I thought of maximizing the character of space and what each person feels there. And I focused on an "uncomfortable feeling".
When making uncomfortable space, I thought of elements which make people uncomfortable : disorientation, repetition, small space.
Meanwhile, a reversed version of this becomes comfortable space, because it is properly intercepted from surroundings and doesn`t give a tightly-closed feeling because of the light from other openings.

1. 불편한 공간
프로젝트는 공간과 사람 사이의 관계, 특히 어떠한 공간이 사람들에게 주는 느낌에 대해 생각하는 것에서부터 출발한다. 같은 공간에 있더라도, 각각의 사람들이 어떻게 느끼느냐는 다르다. 그래서 공간의 성격을 극대화시켜 많은 사람들이 그 공간에서 특정한 감정을 느낄 수 있도록 하는 것을 생각하였고, 그 중 "불편한 느낌 "에 더욱 집중하였다.
불편한 공간을 만들 때에 사람들이 '불편함 '을 느끼게 하는 요소를 생각하였는데, 이는 바로 방향감각의 상실, 반복, 그리고 비좁은 공간이다.
한편, 이러한 공간을 반전시켰을 때에 이는 편안한 공간이 되는데, 주변 환경으로부터 적절하게 차단되면서도 열려 있는 부분으로부터 빛이 들어오기 때문에 완전히 차단되어 있다는 느낌을 주지 않기 때문이다.

2. Filter
I thought about the space under the tree. Tree leaves works as a filter, and it makes shadows under them, and I made a positive model like this space. In this model, light is expressed as mass.
Light is filtered at different level of brightness, according to each hole, because of internal filter. It also influences the surroundings : according to the site of the light source, the model makes various shadows. Also, when it is applied to the space to scale, the filtered light gives soft atmosphere.

2. 필터
나무 아래의 공간을 생각했으며, 나뭇잎은 필터로서 작용하여 그 아래 그늘을 만든다. 여기서 빛이 mass로 표현된 positive model을 생각하였다.
빛은 내부의 필터에 의해 각각의 구멍에 따라 서로 다른 정도의 밝기로 걸러지며, 광원의 위치에 따라 다양한 그림자를 만드는 등 주변에도 영향을 준다. 또한 이것이 실제적인 크기를 가지는 공간으로 나타내어진다면, 걸러진 빛이 그 공간에 부드러운 분위기를 조성할 것이다.

3. Unit
I thought of 3-dimensional coordinates as a way of dividing space, and thought space can be divided according to a 3-dimensional grid. The size of each unit is not fixed, and objects can give off different feelings according to the size of the cubic unit. For example, when the size of a unit is larger, it would give a more rough feeling.

3. 유닛 (구성단위)
3차원 좌표가 공간을 구분하는 방법 중 하나로 작용되며. 공간은 3차원 좌표 그리드(격자망)에 의해 나눌 수 있을 거라 생각하였다. 그러한 유닛의 크기는 고정된 것이 아니며, 어떠한 물체가 그 것을 구성하는 유닛의 크기에 의해 다양한 느낌을 준다. 예를 들어 그 유닛의 크기가 커지게 된다면, 이는 더 거친 느낌을 주게 될 것이다.

Spiritual Retreat - Prayer Center

I wanted to apply this space research experiment by making space which has scale. And I took my course as a Christian spiritual space. For my site, I chose Jangbong-do by the west sea, especially the valley which comes in to touch with the sea. Many trees and rocks wrap the site and it makes people turn their eyes to the sea. The endless sea makes them feel the infinity of God.

Meanwhile, I applied those abstract space models to real space. First, I used the concept "unit" at the topography of my site and various size of each units work as their own programs. Second, I used a reversed version of the uncomfortable space model. It cuts land and it allows the light into the space.
Finally, I applied "filter" at the ceiling of the spiritual space. Light which comes into the chapel is indirect light, so people in the chapel could feel the comfortable atmosphere.

People could go to the chapel, residence, and another chapel through the entrance hall. In the congregation space, many people gather. Also, there are no divisions between inside and outside, and that space continues to the seashore.

Meanwhile the exterior shape of the space looks like cubes, embedded in the land, but people could feel a special atmosphere inside of the space. First, people could feel a soft atmosphere in the chapel because of indirect light. Direct light also makes wonderful atmosphere, too. The residence gives the reverential feeling with different levels and light effects.

기도원

위의 공간실험의 경험을 실제 크기를 가지는 공간에 적용시켰다. 또한 그 공간을 기독교적인 성격을 가지는 공간으로 만드려 하였다. 건물이 위치할 사이트는 서해에 있는 장봉도이며, 특히 바다와 마주하는 계곡에 위치한다. 많은 나무들과 돌들이 사이트를 감싸며 기도원에 오는 사람들의 눈을 바다로 돌리게 하고, 끝없는 바다는 하나님의 무한함을 느낄 수 있게 한다.

한편, 공간 실험에서의 추상적인 공간들을 실제 공간에 적용시켰다. 첫째로 "유닛 "의 컨셉을 실제 지형에 적용시켰으며, 다양한 크기를 가지는 각각의 유닛들은 각각의 기능을 수행하게 된다. 두 번째로 "uncomfortable space "의 반전된 버전을 사용하였는데, 이는 땅에 틈을 내고 땅 속의 공간 아래로 빛을 들인다.
마지막으로 "필터 "의 개념을 신성한 공간의 천장에 적용시켰다. 예배당으로 들어오는 빛은 간접적인 빛이기 때문에 그 안에 있는 사람들은 편안한 분위기를 느낄 수 있다.

사람들은 entrance hall을 통해 2개의 예배당과 레지던스로 갈 수 있다. 집회를 할 수 있는 넓은 공간에서는 많은 사람들이 모여 레크리에이션 활동 등을 할 수 있다. 또한 내부와 외부 공간에 특별한 구분이 없어 그 공간이 해안가 쪽으로 확장된다.

한편 전체적인 외관은 땅 속에 반쯤 물혀 있는 큐브와 같이 생겼다. 하지만 사람들은 그 안에서 특별한 분위기를 느낄 수 있는데, 첫째로 사람들은 간접적인 빛으로 인해 예배당에서 편안한 분위기를 느낄 수 있다. 직접적인 빛 역시 환상적인 분위기를 만들어내는데, 레지던스에서는 그 안에서도 서로 다른 레벨과 빛의 효과가 있어 경건한 분위기를 조성한다.

Uncomfortable space - disorientation, repetition, small space

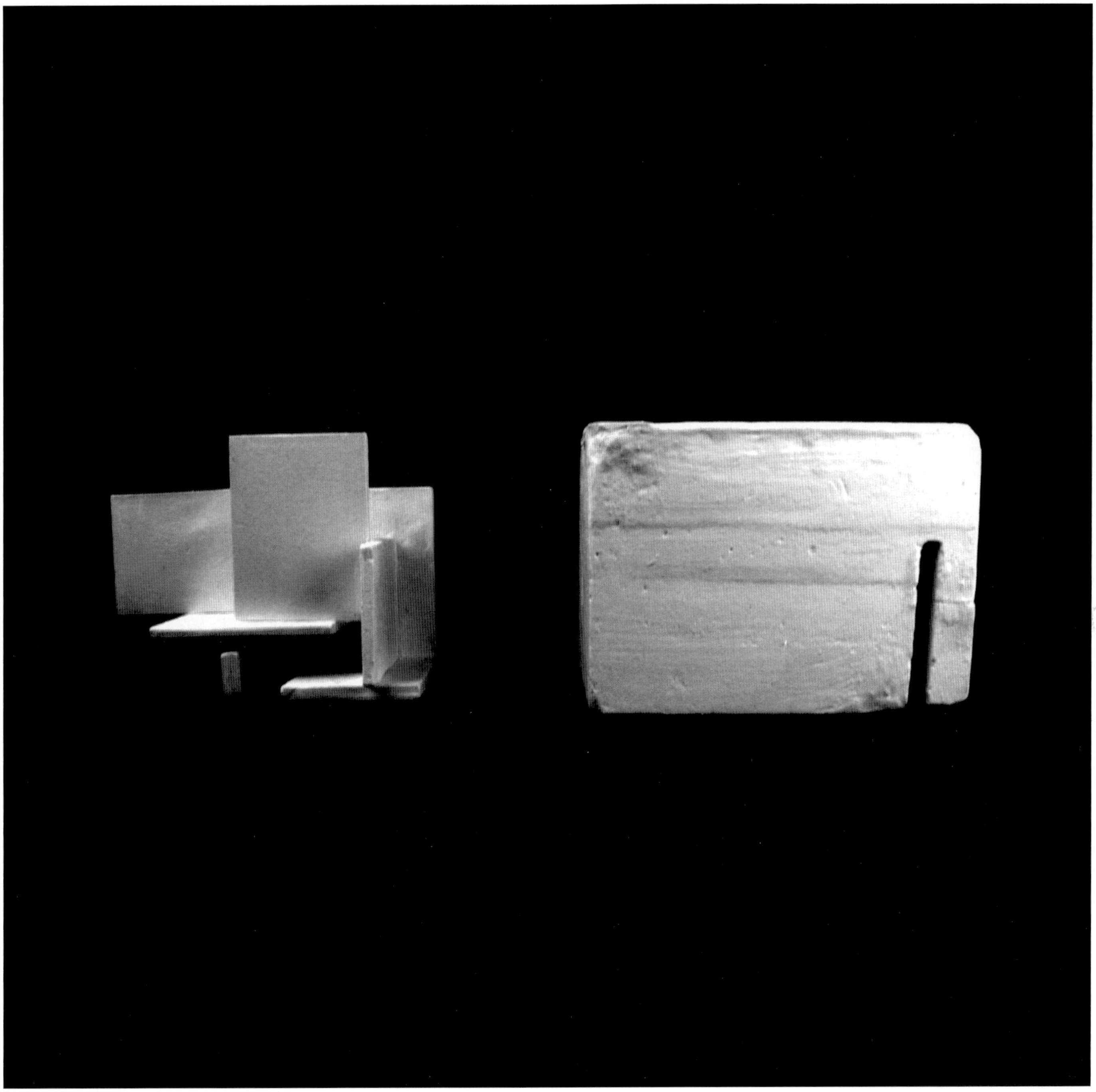

Uncomfortable space - reversed version of uncomfortable space acts as comfortable space

Uncomfortable space - extended version of 3d maze

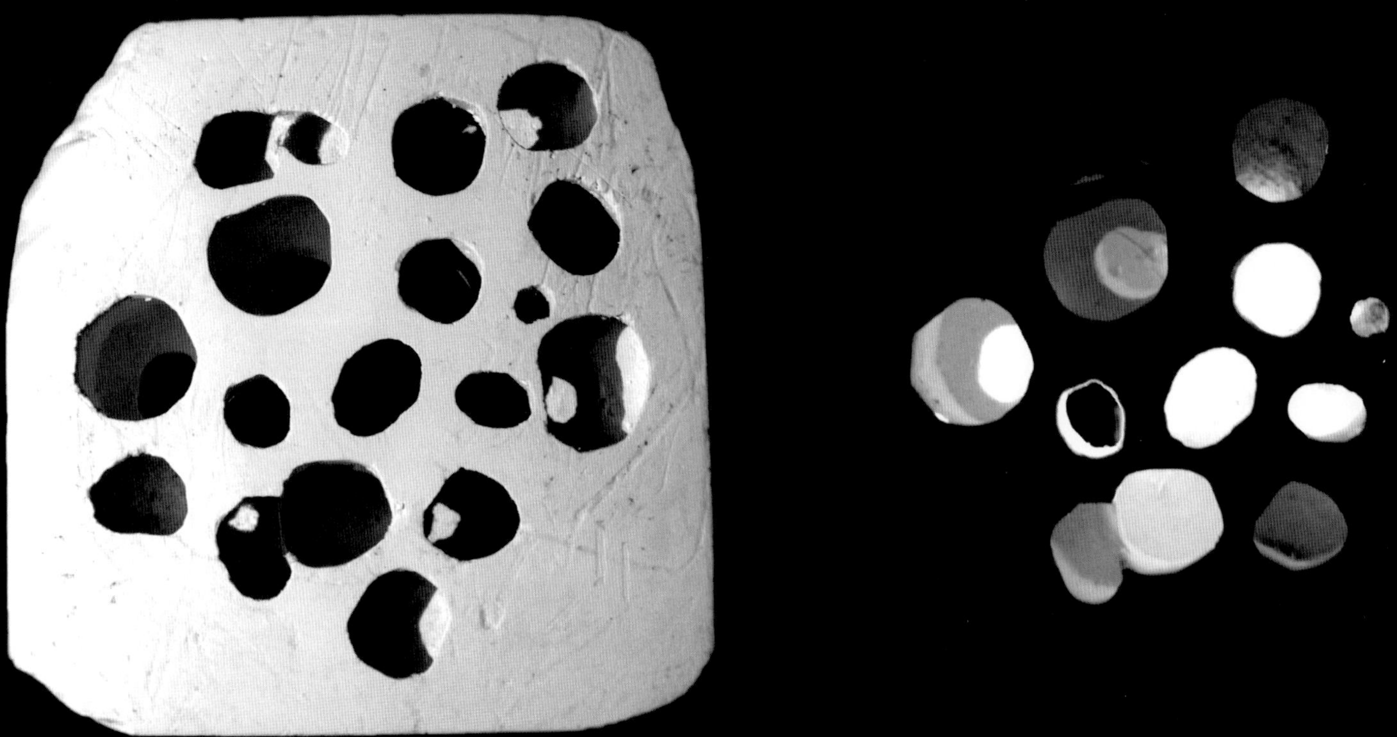

Filter - light is filtered as different levels of brightness in accordance to each hole

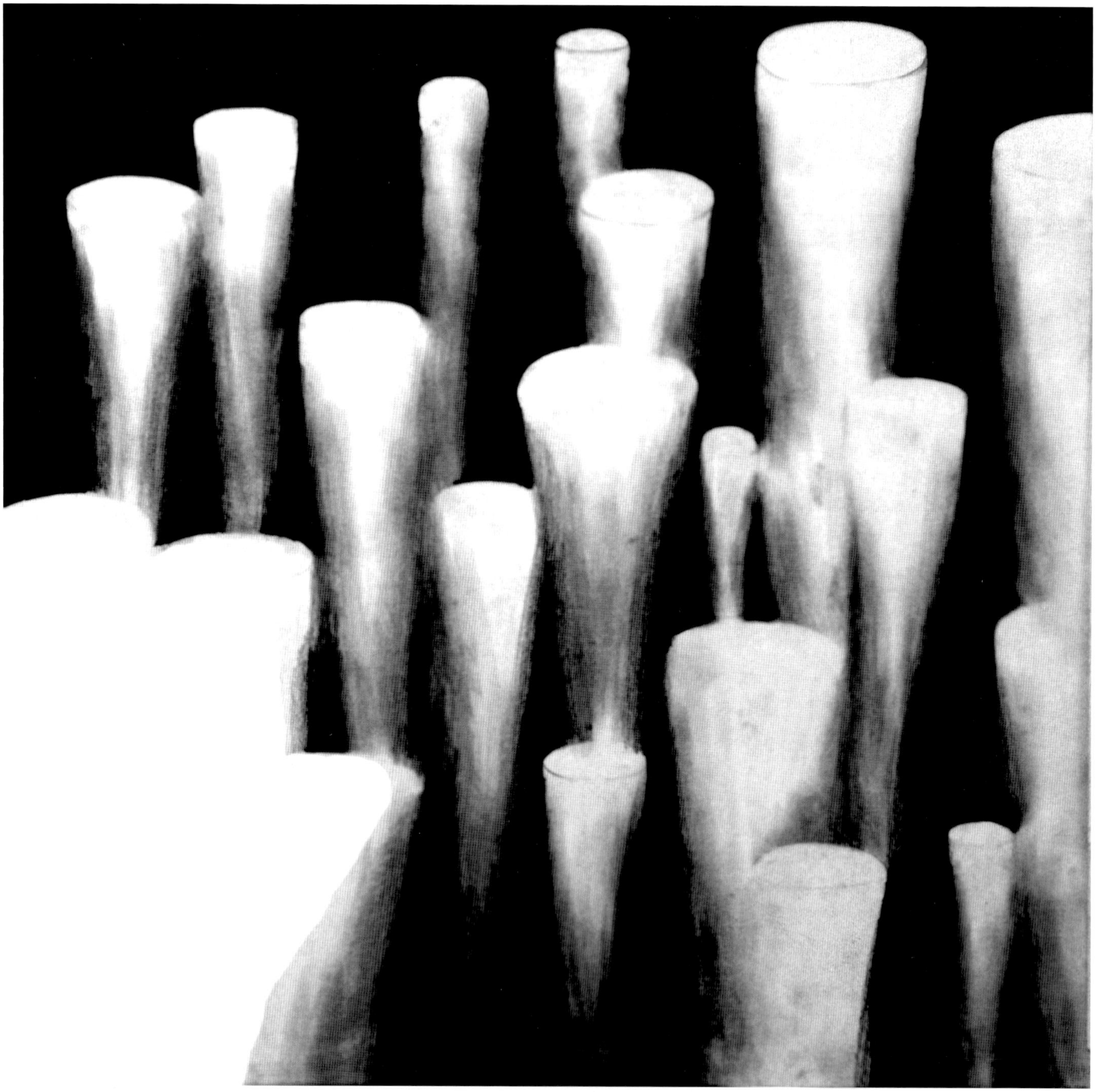

Filter concept - shadow made by the defused reflection of light

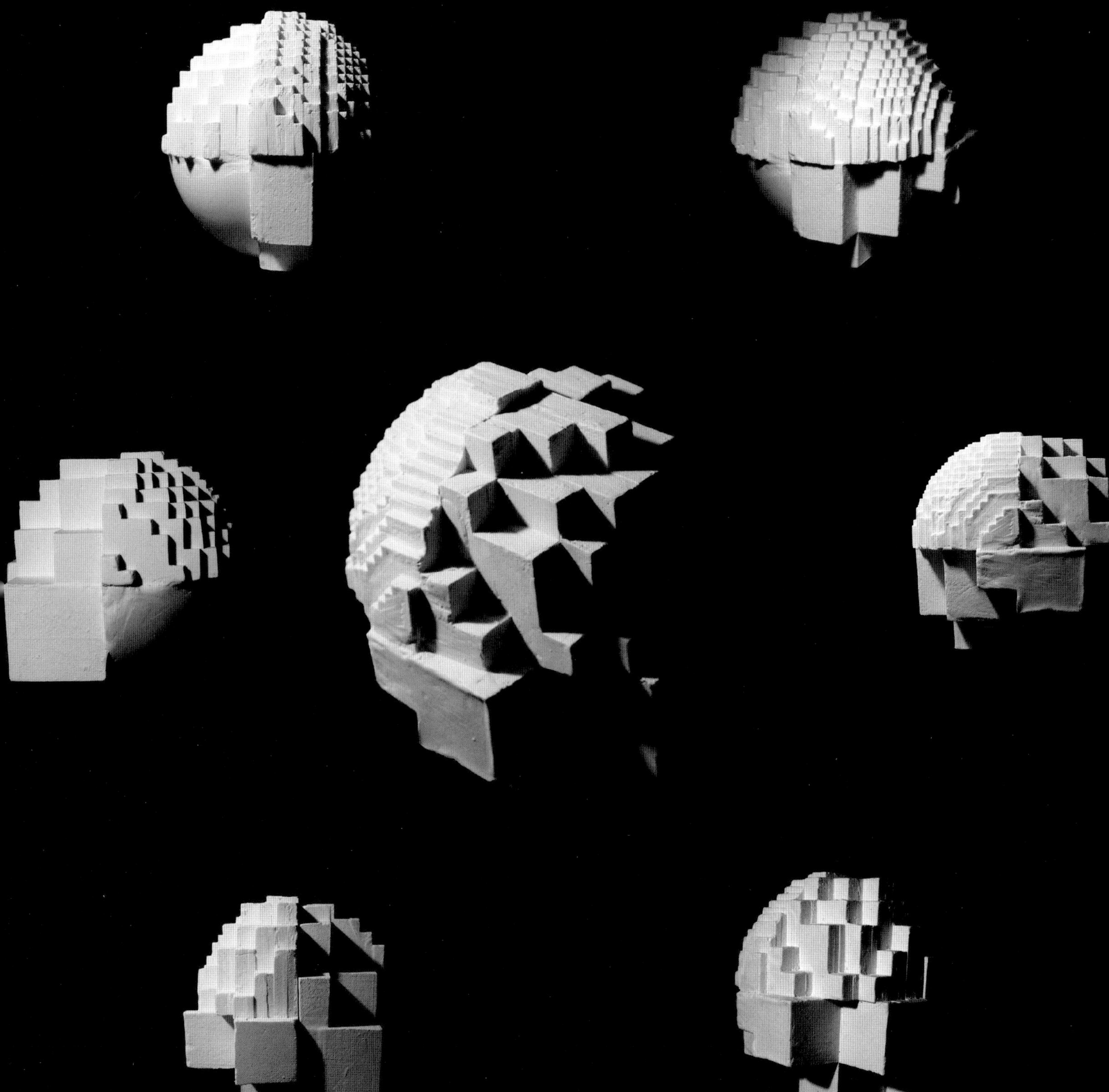

Unit - divided sphere into 8 areas and expressed in different sizes of units

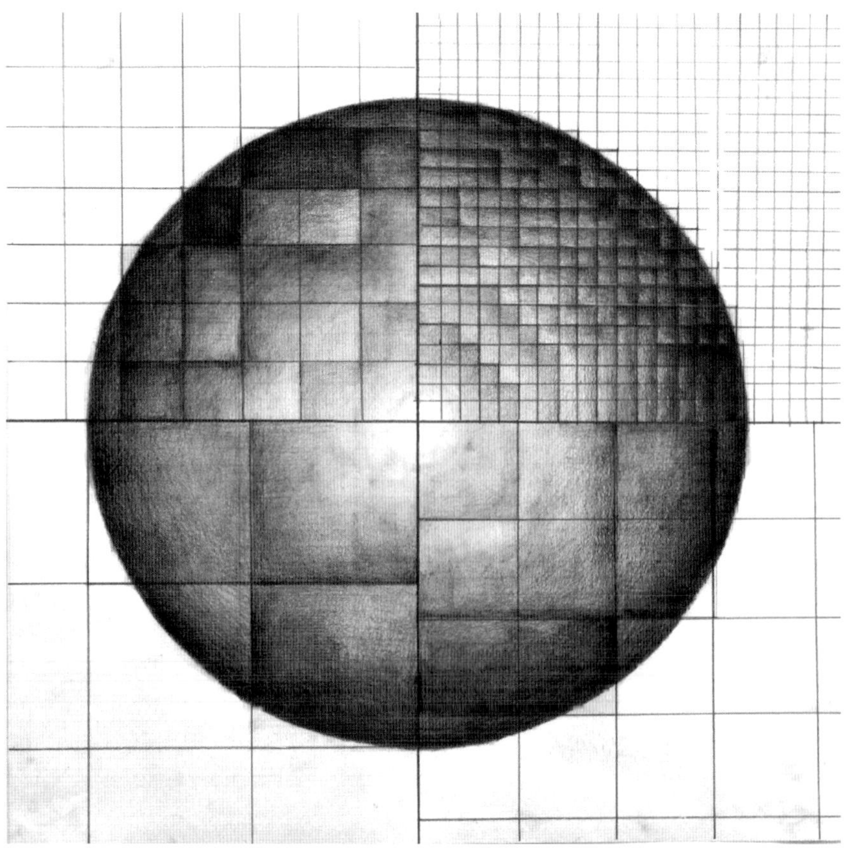

Unit - unified gradation of the whole & individual gradations for each small units

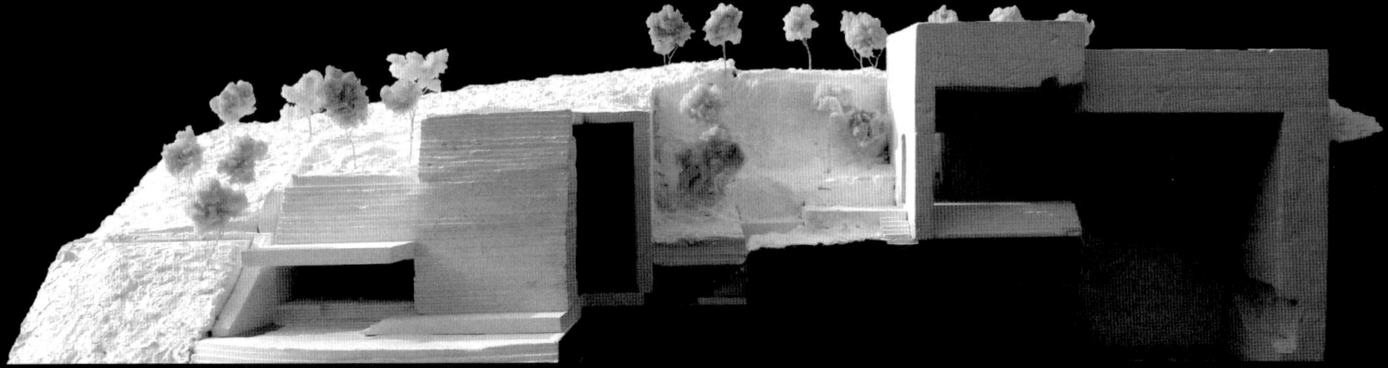

Spiritual space - section model

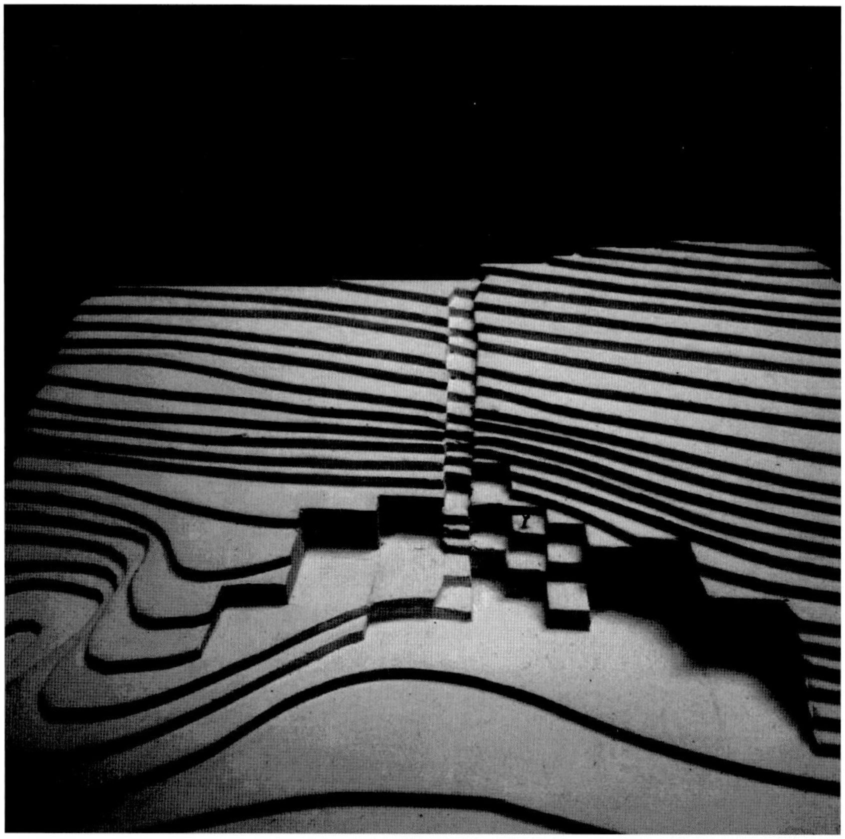

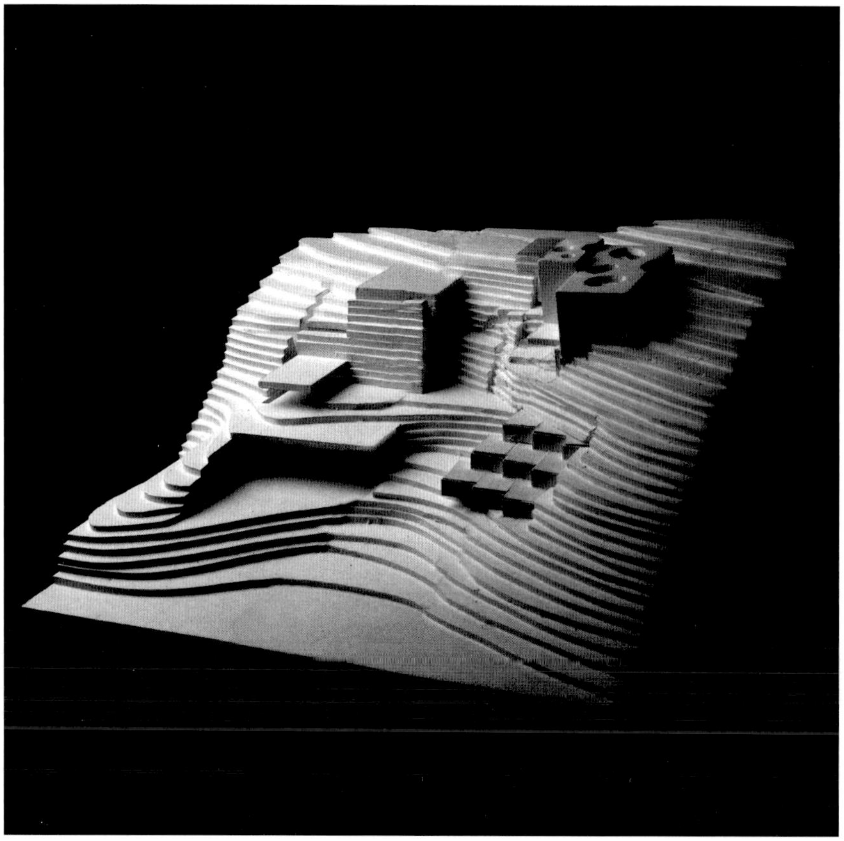

Concept - unit cut into land to allow the light into the space

Restaurant & congregation space - no boundary between inside and outside

 Chapel and garden

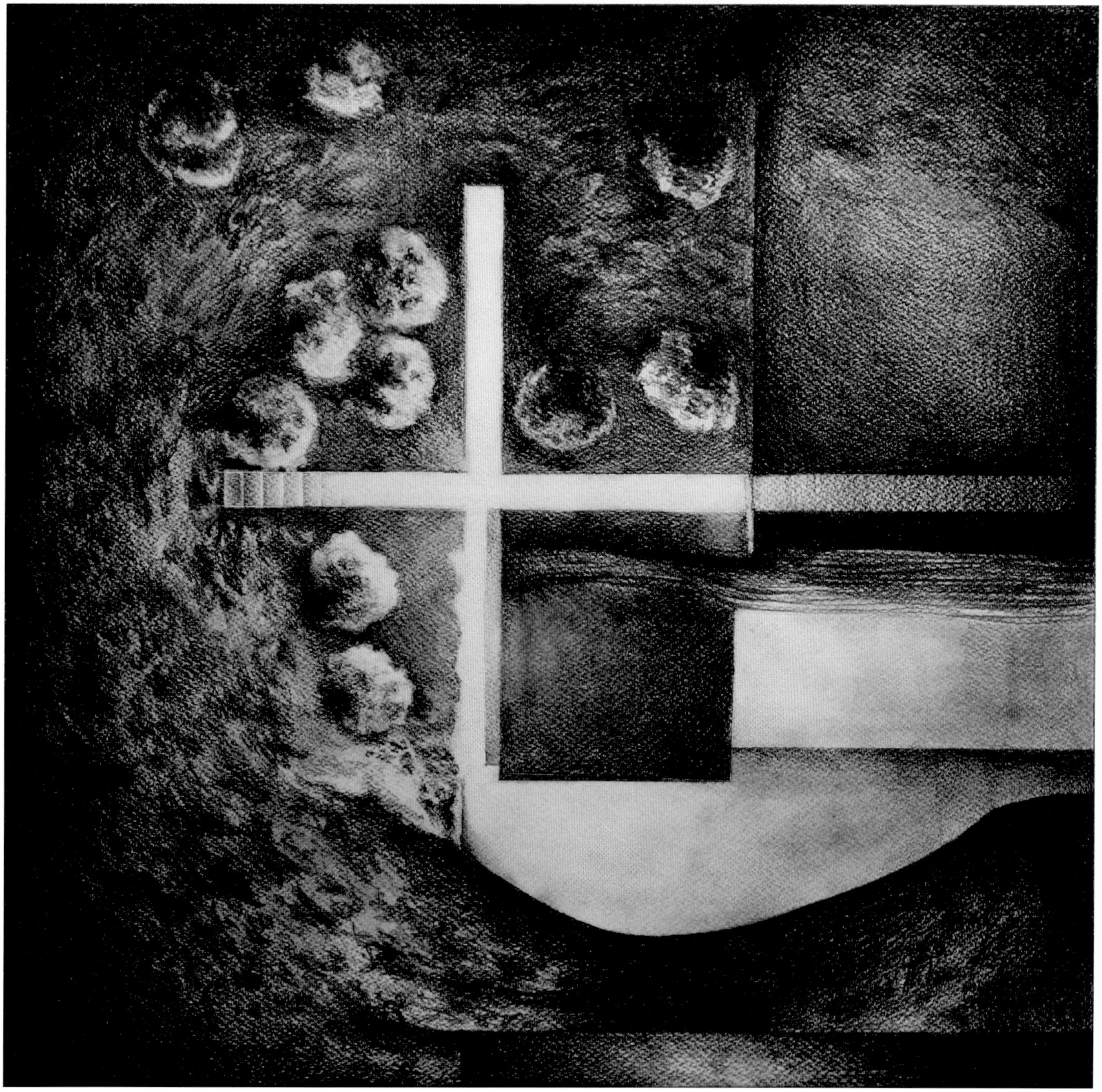

Site plan - light comes through cuts at night

Spiritual space - section drawing

Delicious Space

Space Research

1. Rhythm
We can feel a kind of rhythm watching trees, columns and windows, while on the road. I think such rhythm is made with simple, repeated pattern of objects, and also, we can make rhythm of space by repeating certain space. Thus I combine small spaces with plaster which have various scales and forms to make different rhythms of space.

2. Tension
Unstable forms like cheese hanging on the tip of fork, or a pile of stones stacked unstably need a force which act to maintain the specific shape. We can notice the force from the unstable form, and also feel some kind of tension from it. It is hard to transform plaster by acting force as I want, I pour plaster into balloon to get transformed shape.

3. Mist
The most interesting character of mist is that it makes everything blurred, so it;s hard to recognize them. Because there are millions of tiny water drop in mist, they curve light. Thanks to the mist, we can watch things in a different view. To express this character with plaster, I divide the surface of a model with small cubes to make a hard to define surface.

1. 리듬
길을 걸으며 거리의 나무들, 혹은 건물의 기둥들, 창문들을 보면 어느 순간 그들이 어떠한 시각적인 리듬을 이루는 것을 느낄 수 있다. 나는 그러한 리듬이대상의 단순한 반복에 의해서 생긴다고 생각했고 어떠한 형태의 공간을 반복시킴으로써 공간의 리듬을 만들 수 있다고 생각했다. 따라서 다양한 크기와 형태를 가진 작은 공간들을 조합하여 여러가지 리듬을 가진 공간을 석고로 만들어 보았다.

2. 긴장
녹아서 포크 끝에 늘어져있는 치즈나 비뚤어지게 쌓여있는 돌탑과 같은 형태는 그 불안정한 형태를 유지하기 위한 어떠한 힘이 작용하고 있다. 우리는 그러한 힘의 존재를 형태로부터 눈치챌 수 있고 그 형태에서 일종의 긴장감을 느낄 수 있다. 석고모델에 힘을 가해서 형태를 변형시킬 수 없기 때문에 석고를 풍선에 부어서 중력에 의해 만들어진 모양을 그대로 표현했다.

3. 안개
안개의 가장 흥미로운 특징은 모든 물체의 경계를 흐릿하게 해서 그것들을 알아보기 힘들게 만든다는 점이다. 아주 작은 물방울들이 빛을 굴절시키기 때문이다. 안개덕분에 우리는 사물들의 평소와는 다른 모습들을 볼 수 있다. 이러한 안개의 특성을 석고 모델로 표현하기 위해서 석고의 표면을 작은 정육면체들로 만들어서 표면을 정확하게 규정하기 어렵게 했다.

Spiritual Retreat - Delicious space

The aim of the project was to design a spiritual retreat on Jangbong Do, using the spaces which we researched previously. During the whole design process, I always keep two ideas in mind. First, the site is extremely beautiful. so I don`t want to destroy the scenery and I hope that the building might help people to appreciate the site much better. Second, was how to put the spaces into buildings which have a big scale.

After visiting the island, I decided on the design concept. I scattered the buildng on the cliff facing the sea. So the whole area of buildings become hard to be define and the boundary between buildngs and nature becomes weak. To make enough space for people not caving the cliff too much, I used shells inspired with Rhythm and Tension models, which cover cliffs, providing available spaces inside. As each space contains one program and is separated, people have to get out of a building to move to other buildings. Thus, repeating of narrow roads between trees and big space of buildings makes rhythm of space naturally.

Placing programs on the cliff, I concerned user, visitors or dwellers. The visitors has to come from below the cliff, through a narrow road and they arrive at the center area. Therefore, space for dwellers, like residence and library, are located on a higher area than the center and space for visitors like main canteen, mass congregation and canteen are located on a lower area. Also, I provide independent circulation for dwellers, not to be intervened by strangers.

By applying these strategies in the design process, I could achieve a spritual retreat where people can make thier religious activities and the experience of the site more delicious.

음미하는 공간

프로젝트의 목표는 우리가 앞서 탐구했던 여러가지 공간들을 이용하여 장봉도라는 섬에 사람들이 거주하면서 사용되는 성스러운 공간, 즉, 종교시설을 만드는 것이었다. 장봉도를 답사하고 설계를 하는 과정에서 두가지 아이디어를 가장 중요시했다. 첫째는 사이트가 굉장히 아름답기 때문에 이 사이트의 풍경을 최대한 해치지 않고 풍경을 더욱 잘 음미할 수 있게 하고자 하는 것이었고, 둘째는 앞서 공간탐구에서 생각했던 공간들을 어떻게 실제 건물에 적용시킬까하는 것이었다.

답사 후에 처음 잡은 디자인 컨셉은 바다가 훤히 보이는 절벽에 건물을 안개처럼 흩뜨려 놓는 것이었다. 그렇게 해서 전체 건물이 어디까지인지를 파악하기 어렵게하고 주변 환경과 건물간의 경계를 약하게 만들려고 했다. 절벽의 바위를 최대한 덜 파내면서 공간을 확보하기 위해 리듬 모델과 긴장의 공간 모델에서 영감을 받아 건물의 공간이 마치 절벽을 타고 흘러내리는 것과 같이 만들었다. 건물이 프로그램별로 분리되어 있어 사람들이 이동할 때 자연스럽게 외부를 통해야만 한다. 그러면서 좁은 나무 사이의 숲길과 그에비해 큰 공간인 건물이 반복되면서 공간의 리듬이 생길 수 있다고 생각했다.

건물의 배치는 거주하는 사람들을 위한 공간과 방문하는 사람들을 위한 공간을 기준으로 배치하였다. 건물에 접근하기 위해서 방문자들은 절벽 아래에서 부처산길을 따라 종교 시설 전체의 중심부로 들어오게 된다. 그렇기 때문에 중심부보다 위쪽에 거주자들의 공간인 레지던스와 도서관을 배치했고 중심부 아래로는 강당, 주 예배당, 식당들을 배치했다. 또한 거주자들을 위한 동선을 또 따로 만들어서 거주자들의 종교 생활이 방문객들에 의해서 방해받는 것을 막았다.

이러한 전략들을 통해 처음에 의도한 것과 같이 사람들이 찾아와 자신들의 종교생활과 장봉도의 경관을 음미할 수 있는 건물이 만들어지게 되었다.

Rhythm plaster model - each side of model has different openings and inside spaces are all connected

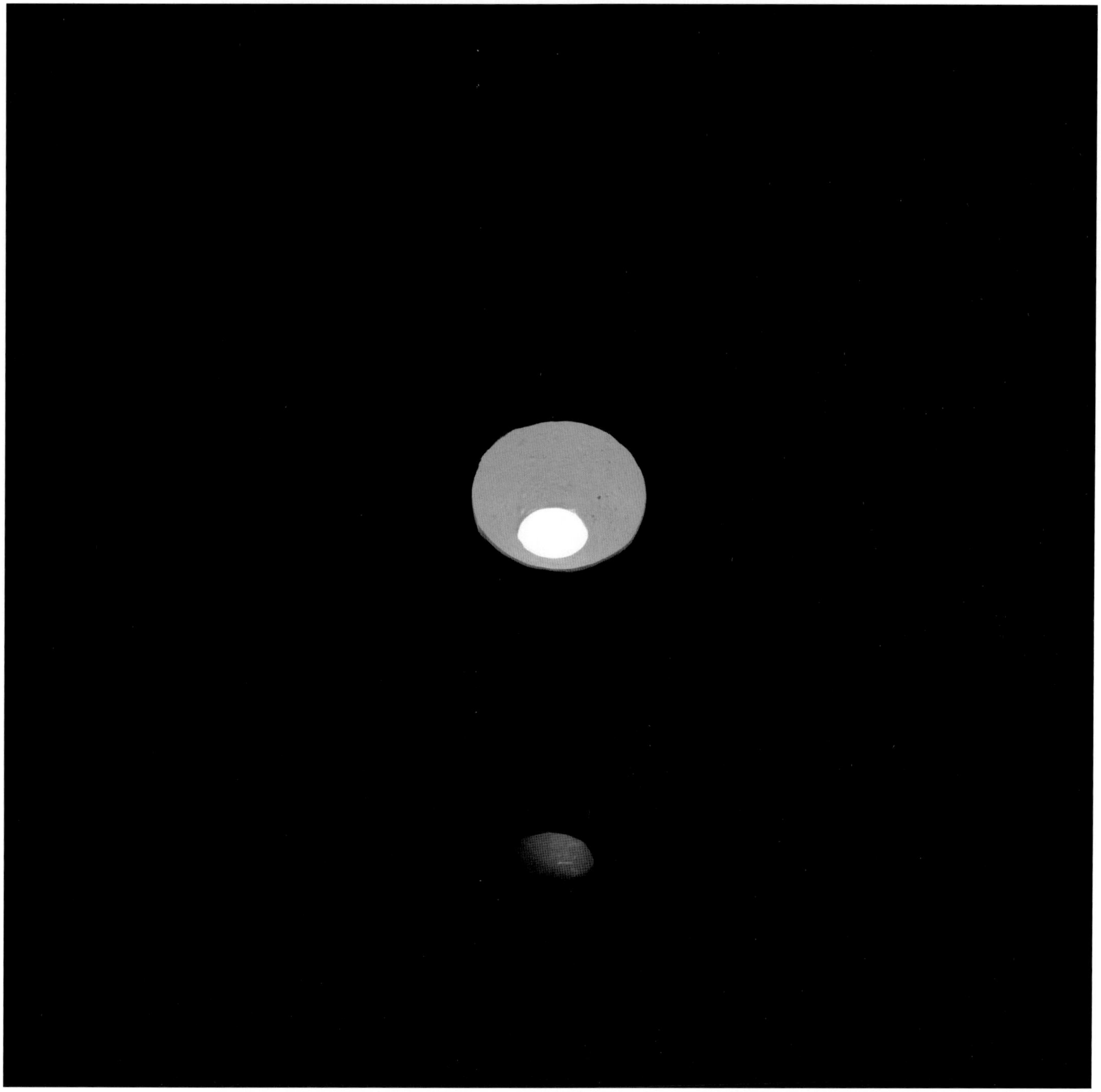

Rhythm plaster model - throw light through connected spaces

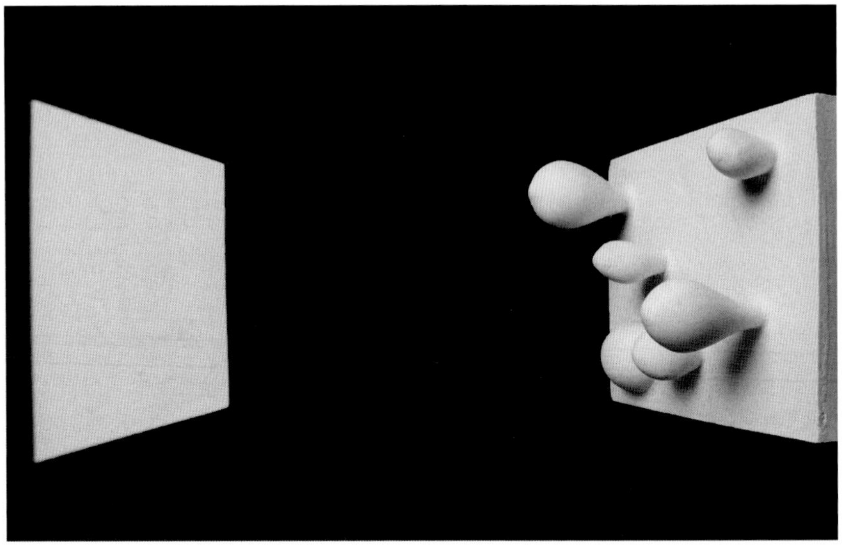

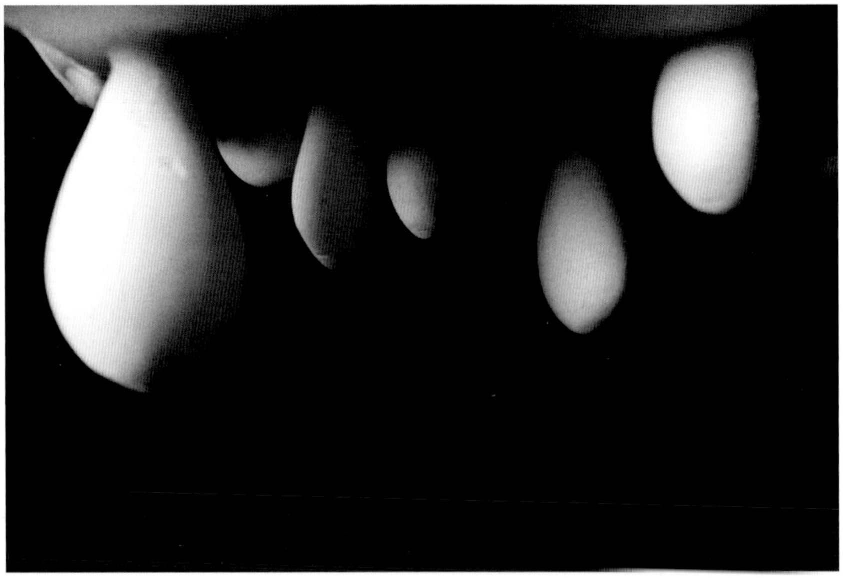

Tension plaster model - top: force action on surface / bottom: force like gravity

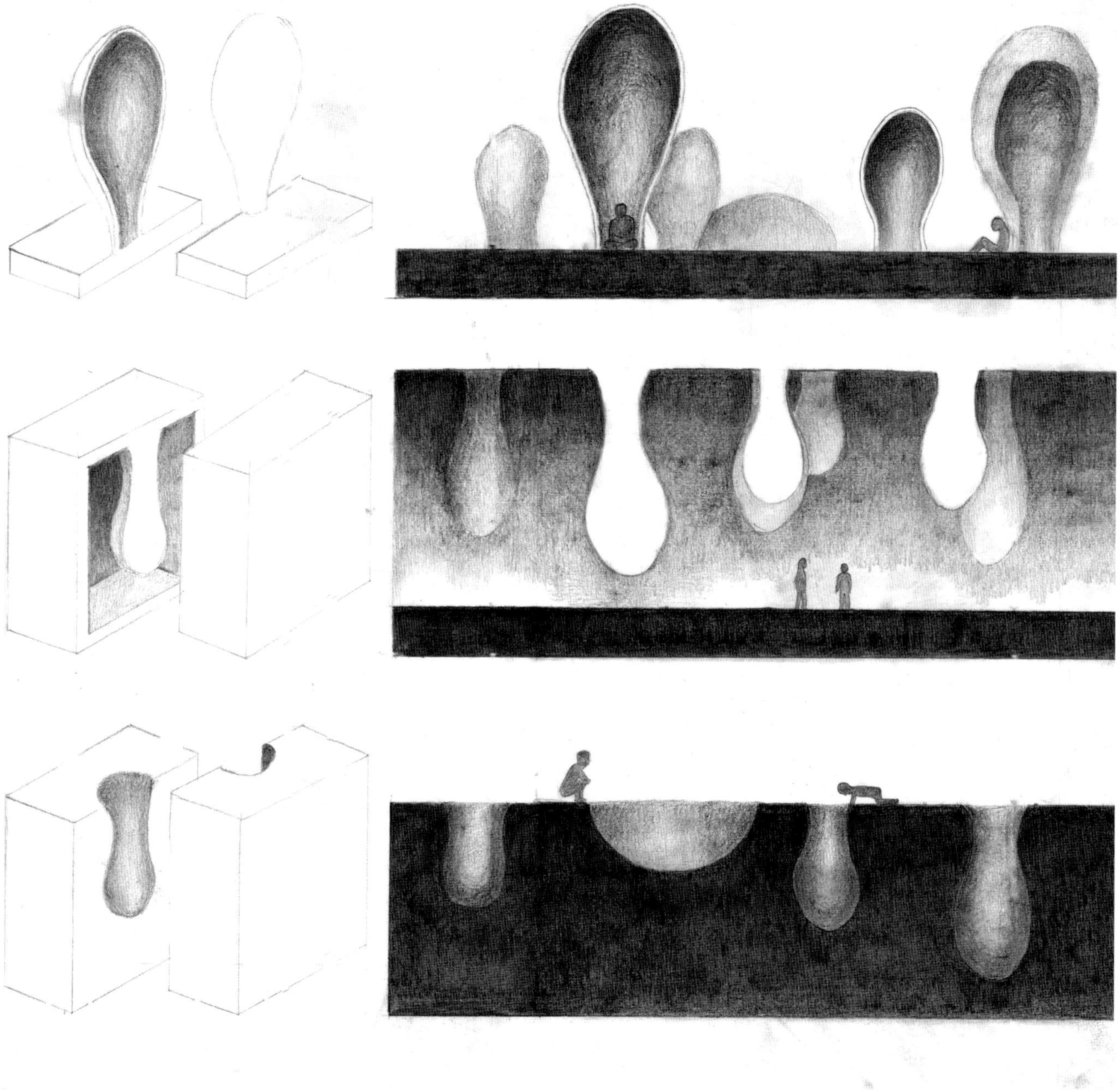

Space drawing from tension model - different possibilities of spatial form (pencil)

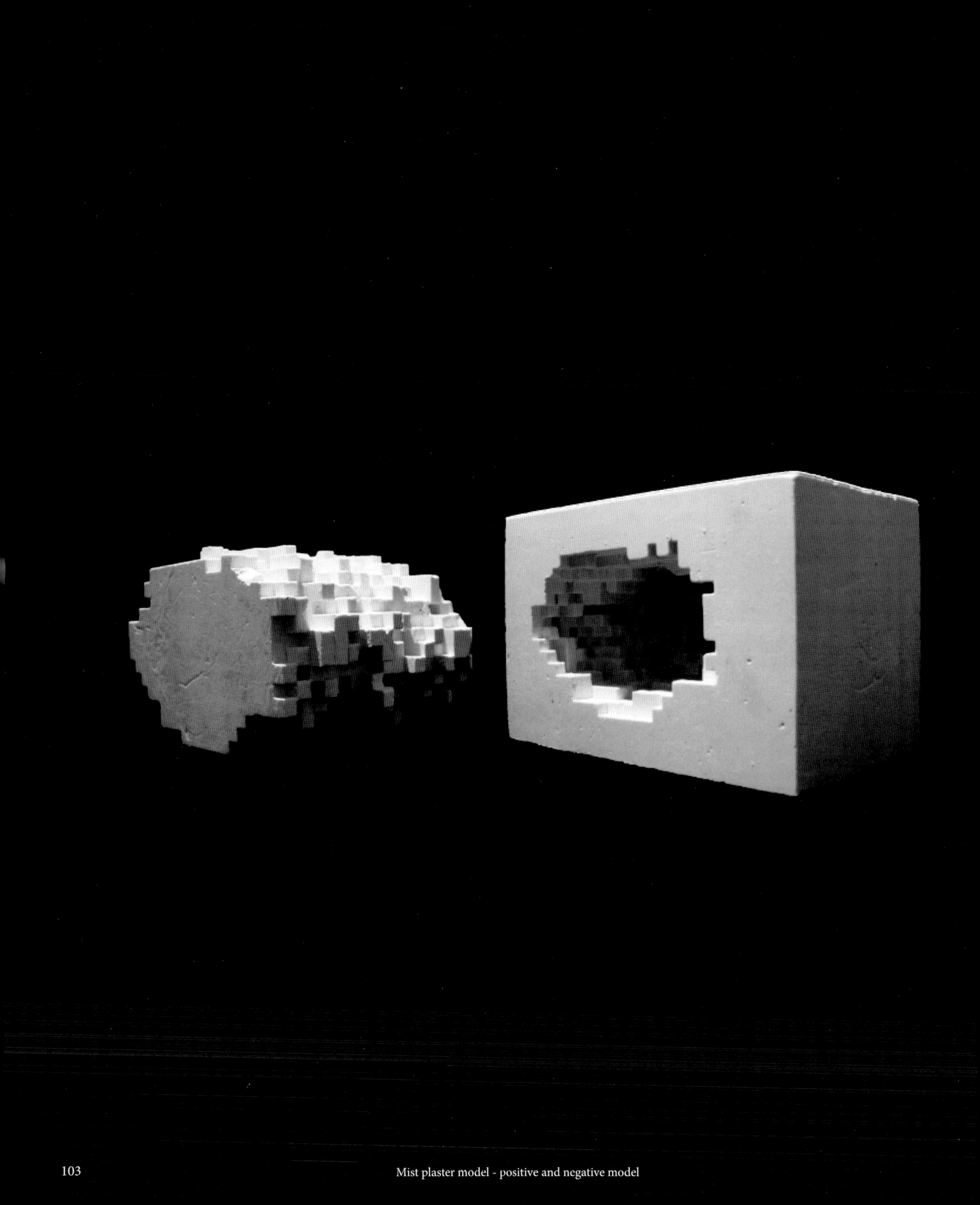

Mist plaster model - positive and negative model

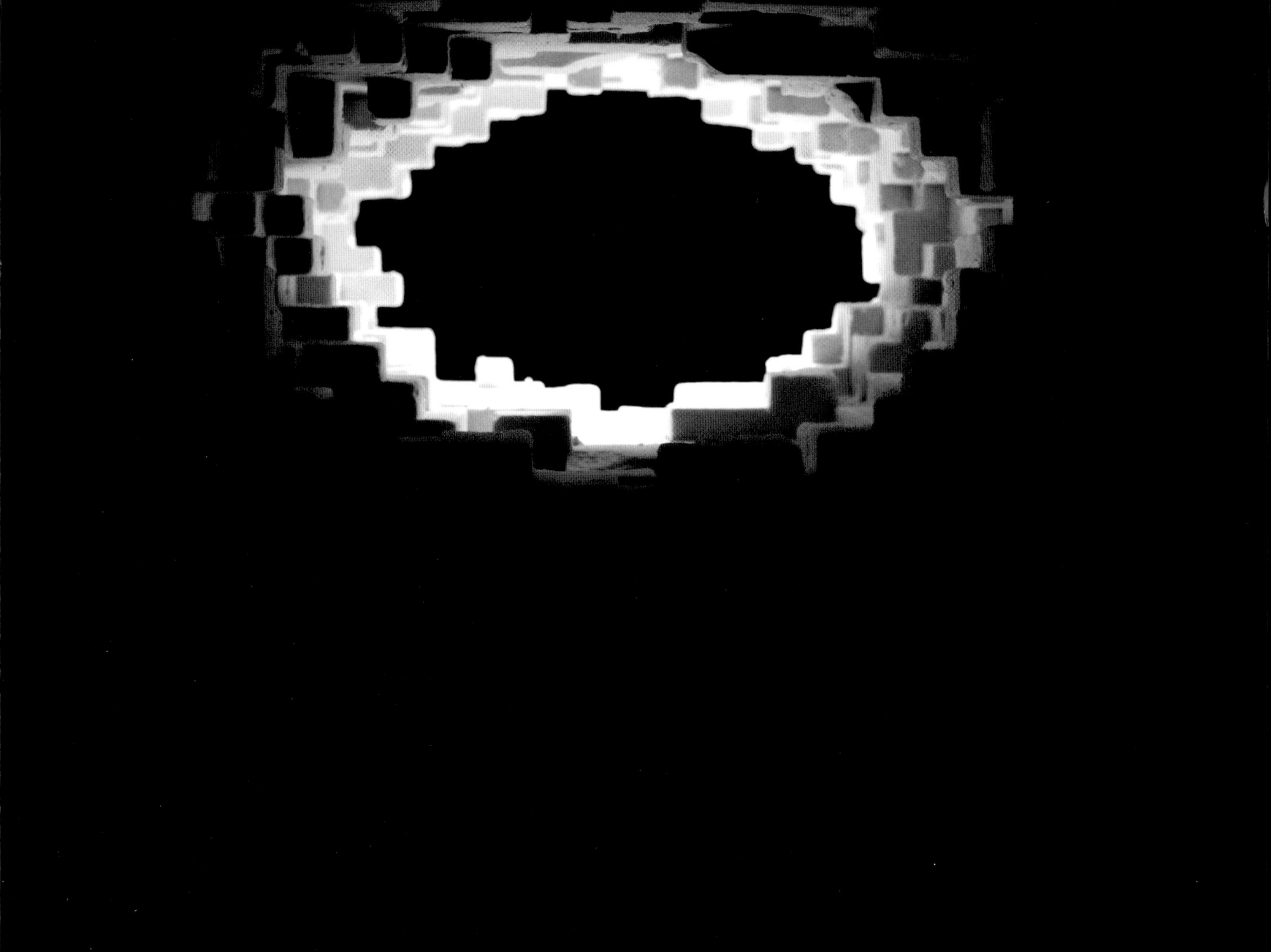

Mist plaster model - small blocks make different layers of light

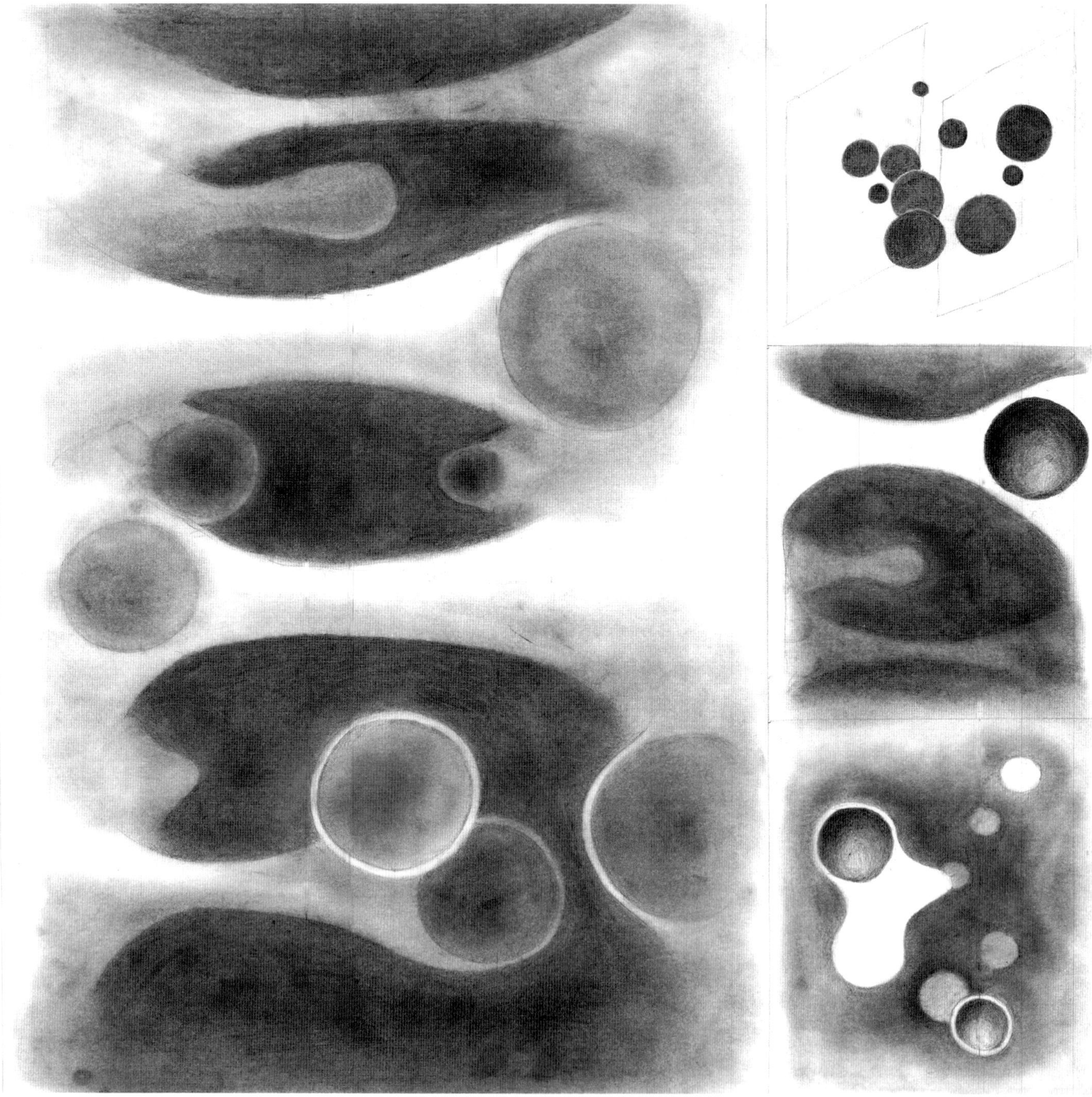

Tension space section drawing - moving space from an organic surface to another (pencil)

Study model - each building is separated by program and circulation

Canteen - whole space is curvlinear and surface is layered

Residence - curvlinear shell creates living spaces on cliff

Section model - canteen and residence

Plan drawing - top: library and residence / bottom: main chapel and canteen (pencil)

Top: main chapel looking towards the sea / bottom: small chapel on shore, section (pencil)

Section - main chapel and residence (pencil)

Floating Space

Space Research

1. Filter
I am interested in how light changes and casts shadows when filtering through objects. Filtering also helps us find unique textures of the object. By using different direction and number of layers on the filter, you can create various atmospheres. In reality, I thought slabs can be horizontal layers, and columns can be vertical layers.

1. 필터
빛이 물체를 투과하면서 필터링 되어 바뀌고 그림자를 생성하는 것에 중점을 두었다. 또, 물체를 투과할 때 그 물체가 빛을 투과시킴으로서 생기는 질감을 볼 수 있다. 필터에도 레이어의 수와 방향에 따라 얻을 수 있는 효과가 달라진다. 수평, 수직의 요소가 있는 필터를 만들어 수평의 요소는 슬래브, 수직의 요소는 기둥이 될 수 있을 것이라 생각했다.

2. Define
When you cast space using plaster, shape comes out through the solid mold. In this concept, I saw how spaces can define each other randomly without a solid mold. I did an experiment on how two colors of plaster black and white, form each other. In one experiment, two solid spaces were formed by the circulation of two different temperatures of plaster, and the other creates solid space formed by collision of two plasters.

2. 정의
석고를 이용하여 공간을 생성할 때 틀이나 솔리드에 의해서 모양이 나온다. 이번 컨셉에서는 정해진 솔리드 없이 무작위로 생성되는 공간이 또 다른 공간을 형성하여 두 공간이 어떻게 서로를 정의하는지 보았다. 흑색과 백색의 두 석고를 이용하여 서로의 형태를 생성하는 실험을 하였다. 한 실험은 두 석고의 온도 차이에 의한 대류, 다른 하나는 두석고의 물리적 충돌을 이용하여 생성되는 공간을 관찰하였다.

3. Pressure
I am interested in how pressure pushes mass and creates space. Space created by the shape of pressure and mass squeezed and pushed out like stratums. Also, by using pressure, you can give tension or an emptiness atmosphere to space. This would control psychological traffic.

3. 압력
압력이 매스를 밀어내고 공간을 생성하는 것에 관심을 두었다. 본래의 형태를 가지던 매스에 압력을 가하면 지층과 같은 주름이 생기고 압력이 매스를 밀어낸 자리에는 압력이 작용한 모양의 공간이 생성된다. 그리고 압력을 이용하여 공간에 긴장감을 주거나 공허함을 주어 심리적 동선을 조종할 수 있다.

Spiritual Retreat - Floating Space

A huge carved out space in the mountain. Inside, are series of columns, and amongst these columns, there are program spaces which are connected organically.

There are three chapels. The biggest chapel is buried in the mountain, and the small chapel is located on one of the floating spaces, and there is one open chapel on the shore, when you follow the pathway made by the series of columns.

On the side of the circular carved space, there are narrow pathways. When you go through this pathway, you'll see the columns and floating spaces inside the bowl. Sunlight would shine, filtered by these columns and floating space. Just before the two pathways of the two bowls meet, each pathway has an entrance to the big chapel inside the mountain. Indirect light goes in these two entrances and creates a triangle pointingto the chapel. When the two pathways meet, there is an entrance to the floating space. All the spaces have narrowing sides which leads to pathways going to other program. Inspired by the pressure concept from space research, these narrowing walls makes one feel to not want to move out of this space. Creating relaxation. It works similarly with the big chapel in the mountain. The two long pathways connecting the chapel with the outside gets narrower on every side when going out the chapel. So, making it look and feel difficult or too far to go trough, making one want to stay in the chapel.

떠있는 공간

산을 파내어 큰 공간을 만든 다음에 그 안에 큰 기둥들을 여러 군데 배치하는 것을 기본으로 한다. 그리고 그 기둥들을 둥지처럼 각 프로그램을 배치하고 프로그램끼리 유기적으로 연결 돼있다.

총 세 개의 채플이 있다. 산 속에 파여 있는 제일 큰 채플이 있고 떠있는 공간 중 하나에 작은 채플이 있고 촘촘한 기둥들이 박혀있는 길을 따라가 해안가에 열린 채플이 하나있다.

파인 공간 가장자리에는 사람들이 지나가는 좁은 통로가 있다. 이 통로를 지나다니면서 사람들은 웅장한 공간 안의 기둥들과 건물들을 보고 그것들이 물체가 되어 필터링 되는 빛을 받을 것이다. 이 두 공간의 통로가 만나는 지점 직전에 각각 가장 큰 채플로 들어가는 통로가 있다. 이 두 통로를 통해서 간접 빛이 채플을 향하는 삼각형을 만들어 준다. 두 공간의 통로가 만나는 지점에서는 본 건물로 들어가는 입구가 있다. 공간들의 모든 면은 벽이 조여드는 형식이다. 이 조여듬의 끝에 창문이나 다른 공간으로 가는 통로가 있다. 공간연구 때의 압력에서 영감 받은 것으로 이 조여드는 벽은 공간을 방문한 사람이 해당공간에서 다른 공간으로 나가고 싶지 않은, 즉 한 곳에 오래 머물러 여유를 가지게 하는 심리를 자극한다. 이것은 산속에 파여 있는 큰 채플에도 마찬가지이다. 채플 안에서 밖으로 갈수록 통로가 상하좌우로 좁아져 그 채플에 머물고 싶은 심리를 자극하고 밖으로 나가는 통로가 실제보다 길어보이게 만드는 효과도 준다.

Light filtering through object

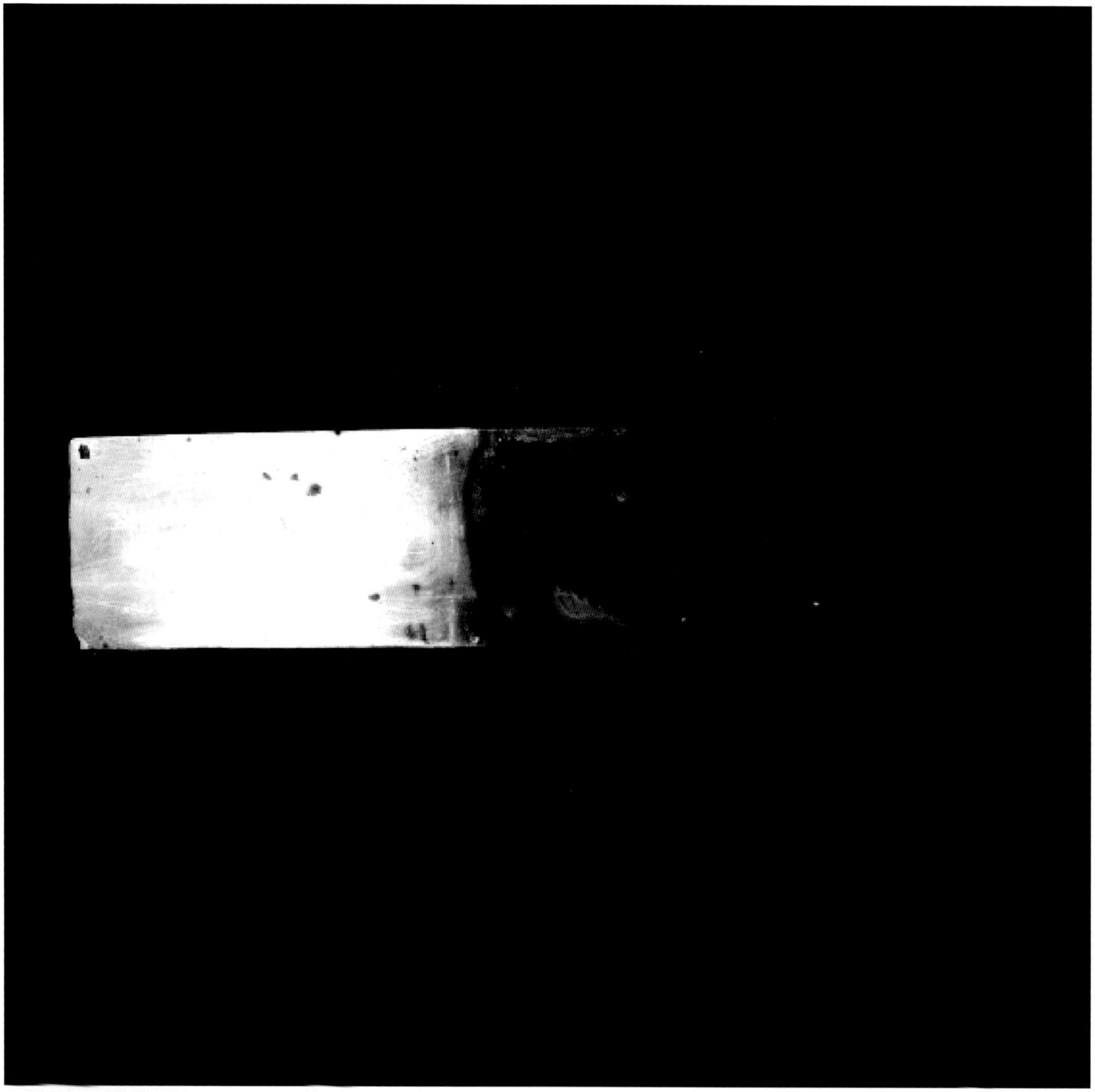

Shape made by collision of two colors of plaster

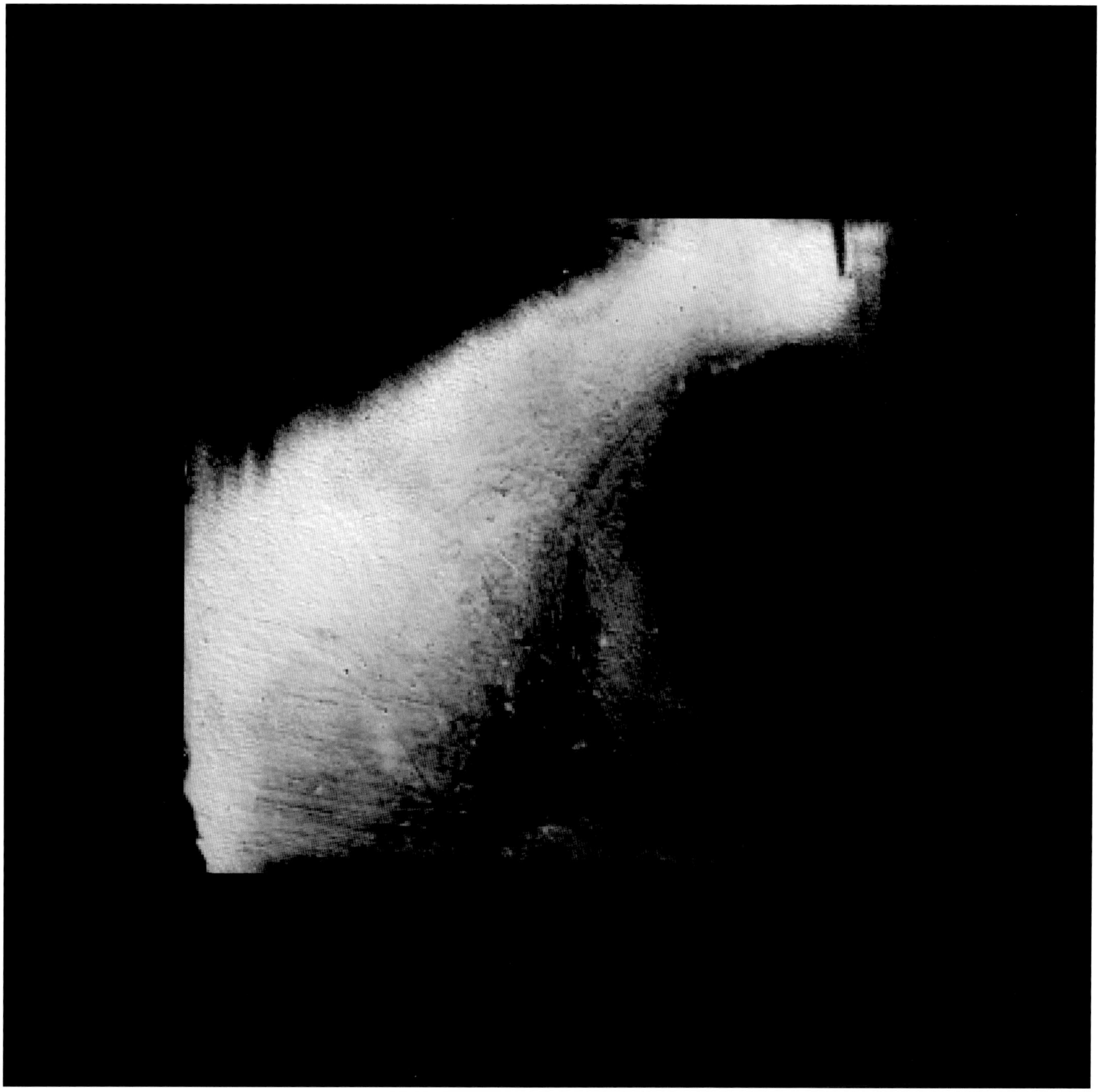

Shape made by circulation of two colors of plaster

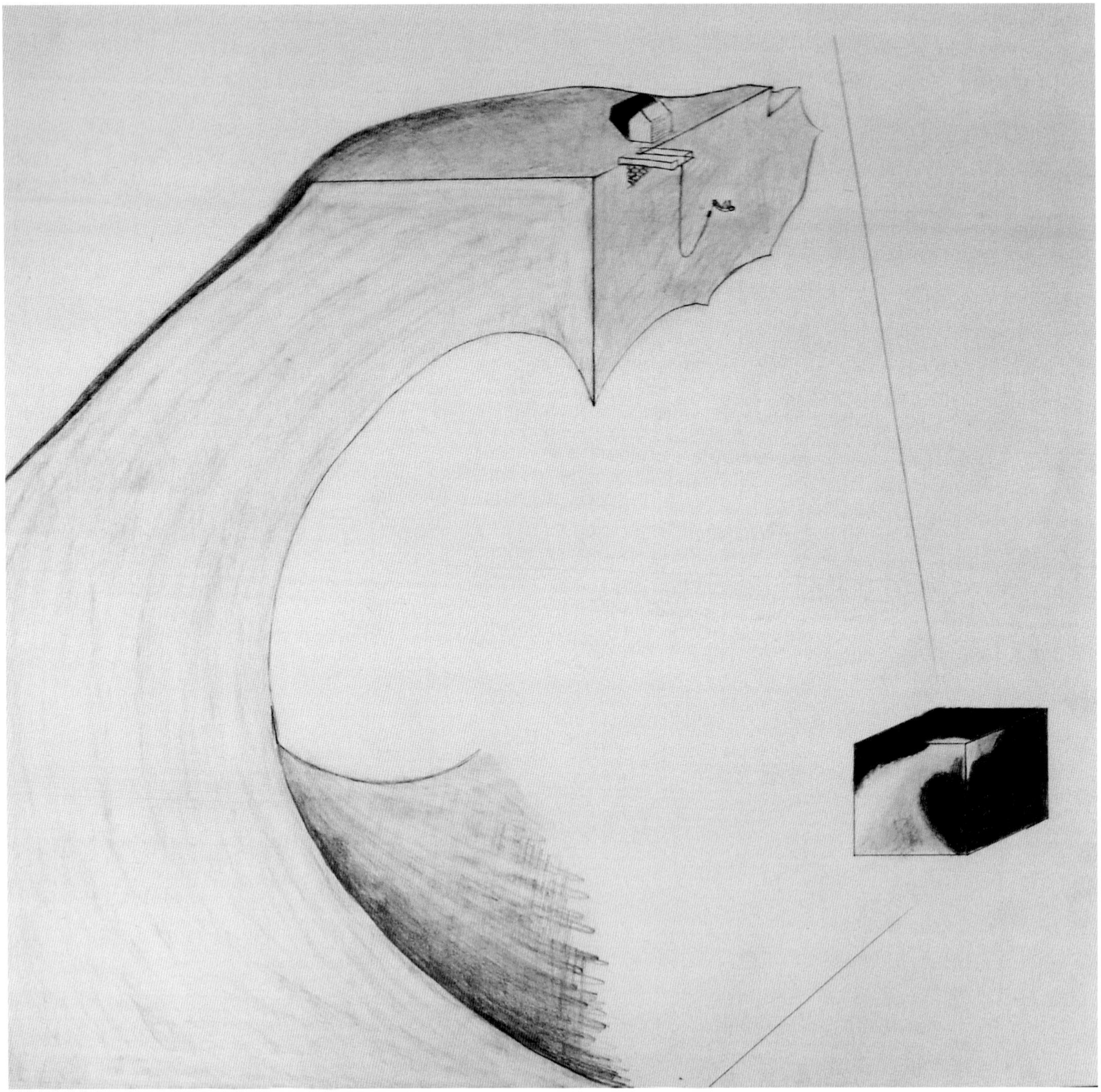

Extracted space created by white plaster

Pressure could not penetrate both

Mass squeezed by four corners

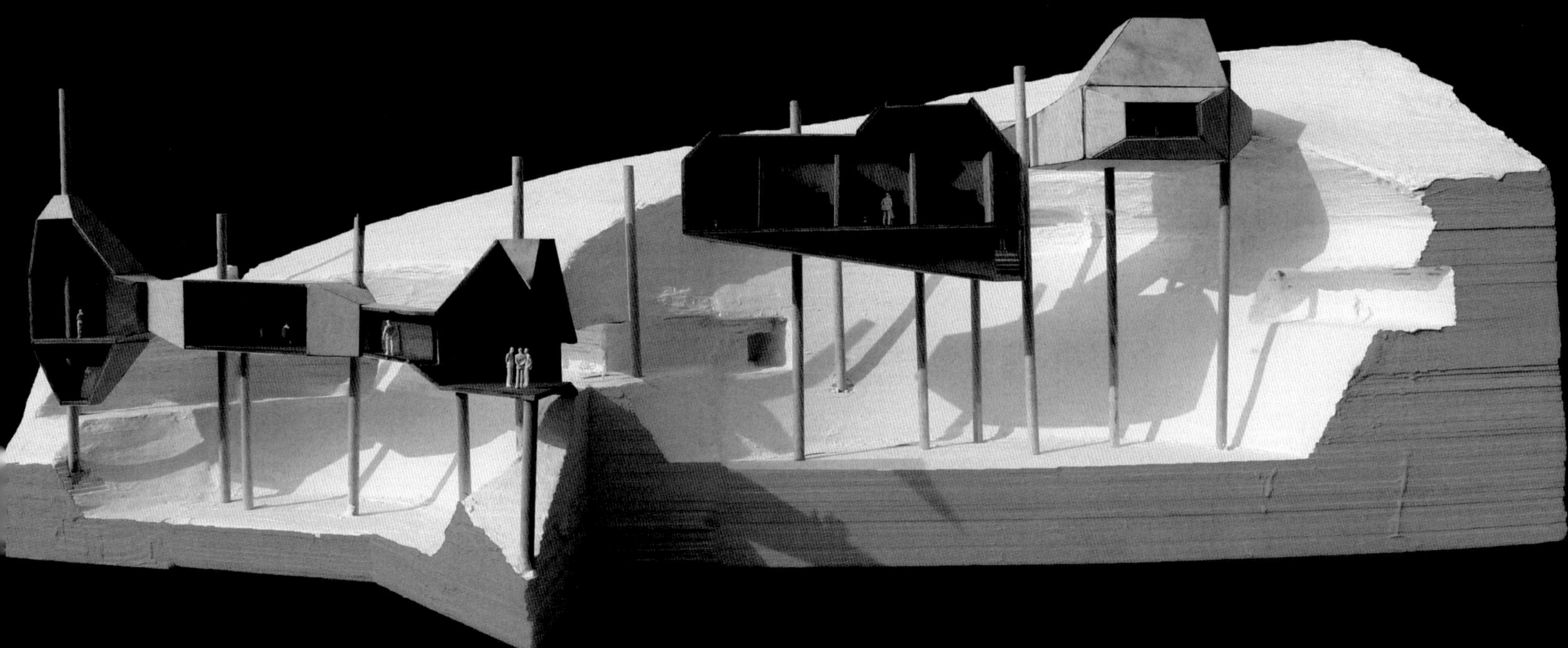

Section model - floating space

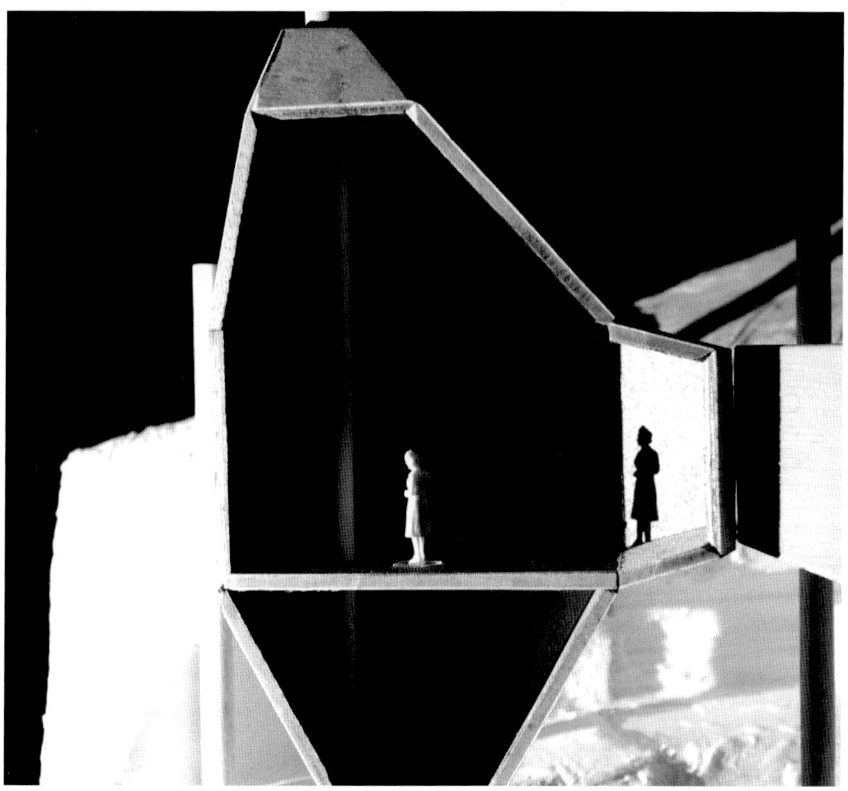

Residential space - small chapel

Elevation

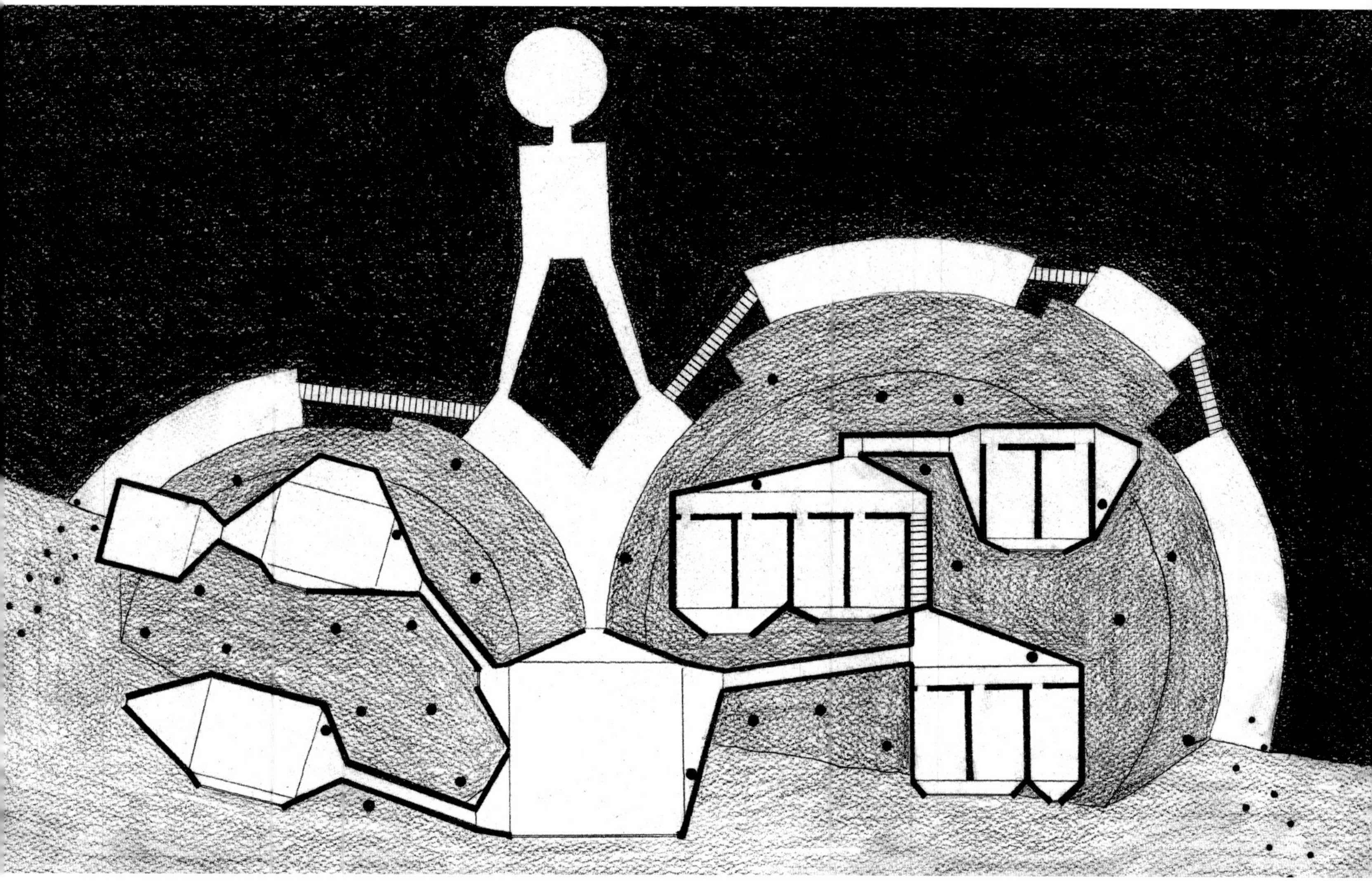

Plan

Texture revealed by filtering

Tranquil Garden

Space Research

1.Opened
The notion of 'openness' is enhanced in the first rumination. This is studied through the assembly of architectonical sections of a form. These sections innate as a square which create openings that are unique from one another. Despite its simplicity, its influence towards quality of light and its directionality is empowering and therefore embrace sturdy individual moments which are again dependent on where and how the section-unit is placed. When stringed like a domino, the progression of the voids is vividly palpable. It is, however, only after absorbing the section-units as a whole; one can understand how trivial movement of the sections' sequence can immensely change the atmosphere from one to another. Such accumulation of study eloquently proposes that atmosphere and directionality influences ones' sensitivity within its 'space' which is furthermore dependent on the hour and place of where they are footed.

2.Trace
The second study focuses on an 'imprint'. It seeks to discover 'reminiscing imprints' of something like the foot prints marked on the newly damp sand beach. With such engender towards imprints, discovery towards 'layering' which heavily involves time and history encapsulates the progression and transformation of space. Pivoting completely away from the first, the second study ultimately equates 'emblem' with 'space'. A strong desire and endeavor to gain something extraordinary by escaping from the intuitive form of study is fulfilled. Within the process of developing emblems and imprints into moulds, differing dimensions of prisms are involved and inserted. From this succession, the triumphing and quintessential quality of a square, which owns the power to alter any moments ineluctably neutral and objective is absorbed. The more time elapses, the deeper the imprints are embedded into history and slowly fade away. Aged imprints are molded into small yet deep moments which become a powerful accent when harmonizing with light. This sense of deepness is embossed through the delicacy of light which is depicted through images and drawings.

3.Between
The final promenade is based on 'between'. This particular journey is split in half. On the one hand, the merging and the interweaving bond between curves and orthogonal lines are expressed. These two particular line-works inevitably produce negative spaces between the two interconnecting points due to their differing characteristics. On the other, cubes are amassed randomly. Thus, it fails to fit and fill in the voids and therefore produce special spatial moments. These moments not only capture the flat aesthetics but successfully and faultlessly outturn the three-dimensional forms. The model-study embeds both of these characteristics which elicit a variety of detaching moments elucidating its diversity. The hidden spatial junctures are portrayed from the images and drawings especially to uplift the breaking point of voids and reviving it with energy with light and shadow. Fundamentally, voids allow light to perform and surpass amongst its shadows.

Spiritual Retreat - Tranquil garden

Spiritual Space. When first encountered in mind, instances of serenity and tranquility assuage by a stem of light mustered amongst dull darkness. The Monastery, which is mute in my mental meander, is self-isolated in a field of openness from the Urban, helplessly inviting calm and comfort uncontrollably. To optimally enhance the essences of such spatial attributes architecturally, the most triumphing site-environment is an Island.
JangBongDo. When exploring this independent Island, the overall imagery imparting is halcyon. The site is further more isolated from its core where persons' strolls and interactions lack which is greeted with the beach and bordered with mountains.
The Boulder is predominantly sitting on the edge of the shore mesmerizing the eyes. The existing inclining flawless landscape towards the boulder is a comeliness match of a 'park' and its qualities of transcending moments renders peace and calmness already. Also, geographically, this 'park' does not flood even from the high tide of the Yellow Sea. Ultimately, therefore, this 'park' which is the offspring from its foremost calming zone within the halcyon island of JangBongDo is my chosen site.
Unearthing anything thin and long can be walked on as a pathway. Hitherto, a desire to effectively enhance the boulder bubbled from the first glance and by doing so; a diverse spatial exploration among a higher air can be achieved. Passages are created initially before any architectural spaces are developed. Be it the rocks and the mountains, every short linear system is drawn on the passage. It depicted harmonizing similarities between the first spatial exploration model study. The breaking and interrupting of lines on the pathway mirrored the domino arrangement which molded into spatial pauses. Fundamentally, lines became walls on the flat field and caves on boulders and mountains.
The boulder is almost exactly facing south. A ray of light into such cave-like space is similar to how I first imagined a 'sacred space'. Residence that is placed in the deepest place is vibrant among still, and the chapel located at the boulder is dark and silent, but is very tranquil with the light coming from the long and thin window. At the park that faces the sea, there is an open chapel and the roof garden on top is linked to the main chapel, creating a new relationship. At the edge of the vast park, a restaurant and a meeting space is placed so that it is approachable from every direction. Right above it, there is the entrance to the monastery and as you pass the entrance, the school that embraces the small garden with a view of the sea first and foremost welcomes the visitors of the monastery.

1. 열다
첫 번째는 '열림' 에 관한 것이다. 공간이라는 것을 처음 생각 했을 때, 나는 개구(열림)에 대해 관심이 갔다. 그리고 이것을 단면으로 관찰했다. 모델의 조각들은 모두 같은 정사각형 모양에서 시작되어, 각각 다른 개구를 가지고 있다. 바닥에서 시작된 개구는 천장부에 이르기까지 일정한 규칙을 가지고 열린다. 다양한 개구를 가진 조각들은 모두 다른 결과를 만든다. 빛의 양, 방향 뿐 아니라 다른 요소들 또한 개구의 위치에 따라 변한다. 단위 조각들은 도미노처럼 세워지는데, 이를 통해 개구에 따른 변화과정을 확인할 수 있다. 조각들의 배열 또한 결과에 영향을 미친다는 것도 모델을 통해 알 수 있다. 이러한 결과는 공간적으로 봤을 때 분위기, 방향성 등 사람의 감각에 영향을 주며, 이 공간을 경험하는 사람은 시간, 위치 등에 따라 다른 느낌을 받을 수 있다.

2. 흔적
공간에 대한 두 번째 연구는 '흔적' 에 관한 것이다. 이 주제에 대해 먼저 정해야 했던 것은 '어떤 것에 대한 흔적' 을 관찰할 것인가였다. 이에 발자국이 남는 모래와 잔잔한 파동이 일어나는 물이 생각났고, 모래나 물을 '쌓일 수 있는 것들' 로 보고 이것들의 흔적을 관찰하기로 결정했다. 쌓인다는 것은 시간이 필요한 것이기 때문에 시간에 따른 흔적의 변화 과정을 공간적으로 보고싶었다. 이번엔 처음과 다르게 역전 모델을 만들었다. 즉, 흔적이 곧 공간이 되는 것이다. 직관적인 모양을 탈피하면 생각지 못했던 결과를 얻을 수 있을 것 같았다. 흔적을 주물로써 표현하는 과정에서 크기, 깊이가 다른 정사각형을 이용했다. 정사각형은 가장 중립적인 모양이며, 만들어지는 결과물을 객관적으로 볼 수 있도록 만든다고 생각했다. 시간이 오래될수록 흔적들은 깊게 자리하고, 점점 사라진다. 오래된 흔적은 작고 깊은 공간으로 만들어졌다. 그렇게 만들어진 모델은 빛과 어우러 질 때 큰 힘을 가진다. 깊이감이 갖는 특징이 빛을 통해 도드라지기 때문이다. 따라서 이를 사진과 그림을 통해 부각시켰다.

3. 사이(틈)
마지막 연구 주제는 '사이' 이다. 이번 연구는 2가지 방법으로 진행되었다. 한 가지는 곡선과 직교를 연결하는 것이다. 곡선과 직교는 다른 형태의 경계를 가졌기 때문에 서로 만났을 때 사이 공간이 생긴다. 다른 방법은 큐브형태의 모양을 무작위로 쌓는 것이다. 큐브들은 무작위로 쌓였기 때문에 모든 공간을 메우지 못하고 그 사이에 공간을 만든다. 이 때, 관찰되는 사이 공간은 2차원을 넘어서 3차원적으로 만들어 진다. 모델은 이 두가지 특징을 모두 가진다. 또한, 다양한 모습을 관찰 할 수 있도록 분리되는 형태를 갖는다. 가려진 사이 공간들은 사진과 그림을 통해 관찰 할 수 있다. 특히 사이 공간이라는 특징을 새롭게 관찰하기 위해서 그림자를 이용하였다. 사이 공간이 존재하는 부분은 빛이 통과하고, 이는 그림자 사이에서 밝게 빛난다.

고요한 정원

신성한 공간. 이 단어를 처음 접했을 때, 고요, 평온, 어두운 가운데 비춰지는 빛 한 줄기가 떠올랐다. 내 머리 속에 있는 수도원이라는 공간은 도심과 멀리 떨어져 있고, 그 가운데 홀로 존재하여 그 안에 있기만 해도 마음이 편안해지는 곳이었다. 이러한 공간에 있어 섬이라는 장소는 최적의 조건이었다.
장봉도. 시끌벅적한 도심과 떨어진 인천의 한 섬으로, 답사 당시 느꼈던 감정은 한적함이었다. 그 섬 가운데에서도 우리의 사이트는 마을과 떨어져, 사람들의 발길이 드물고, 앞으로는 바다, 뒤로는 산으로 둘러싸인 곳이었다.
큰 바위. 사이트의 해안 끝, 산 가운데 자리한 큰 바위는 첫 눈에 나를 사로잡았다. 그 앞에 존재한, 언덕진 평지는 조용한, '공원' 이라는 단어에 적합했다. 그 공원에서 보이는 바다는 평온함을 주기에 충분했다. '공원' 은 최고 해수면보다 높아 해수면이 변하는 서해 바다에도 잠기지 않는다. 한적한 곳에서도, 가장 고요한 곳에 존재하는 '공원' 을 나의 사이트로 결정했다.
길. 가늘고 길게 파낸 곳은 곧 길이 될 수 있다. 첫 눈에 들어왔던 바위를 이용하고 싶었고, 그 바위를 이용해 공간을 만든다면 더 높은 곳을 이용할 수 있을 것 같았다. 동선을 생각하며 길을 먼저 만들기로 했고, 지도를 뽑아 수직적 높이를 생각하지 아니하고, 평면적으로 한 방향의 길을 정하기 시작했다. 바위와 산은 물론이고, 평지를 가로지르는 길, 그 위엔 길과 수직한 짧은 선들을 그려 넣는다. 마치 첫 번째 공간 탐색의 모습과 유사하다. 길 중간 중간 도미노처럼 그어진 선들은 곧 공간이 된다. 평지 위에서는 새로운 벽이 되고, 바위나 산 위에서는 굴이 된다.
빛과 공간. 장소만큼 중요시 여겼던 것이 바로 빛이다. 큰 바위는 거의 정확히 남향이다. 빛을 받기엔 최적의 장소라는 뜻이다. 동굴과 같이 파여진 공간에, 새어드는 빛은 처음 신성한 공간을 생각했을 때 떠오른 모습과 같다. 동선 가장 깊숙이 존재하는 거주지는 고요한 가운데 활기차고, 산과 바위 중턱에 존재하는 채플은 어둑하고 고요하지만, 가늘고 긴 창으로 들어오는 빛은 편안하다. 가장 아래 바다와 맞닿은 공원엔 넓고, 탁 트인 야외 채플이 있다. 그 위에 존재하는 옥상 공원이 주 채플과 연결되어 새로운 만남을 만든다. 넓은 공원 끝에는 식당과 회의 장소가 자리 잡아 공원 전체에 사람들의 발길이 닿게 한다. 바로 그 위엔 수도원 입구가 있고, 입구를 지나면 바다가 보이는, 작은 정원을 품은 학교가 가장 먼저 수도원을 찾은 사람들을 맞이한다.

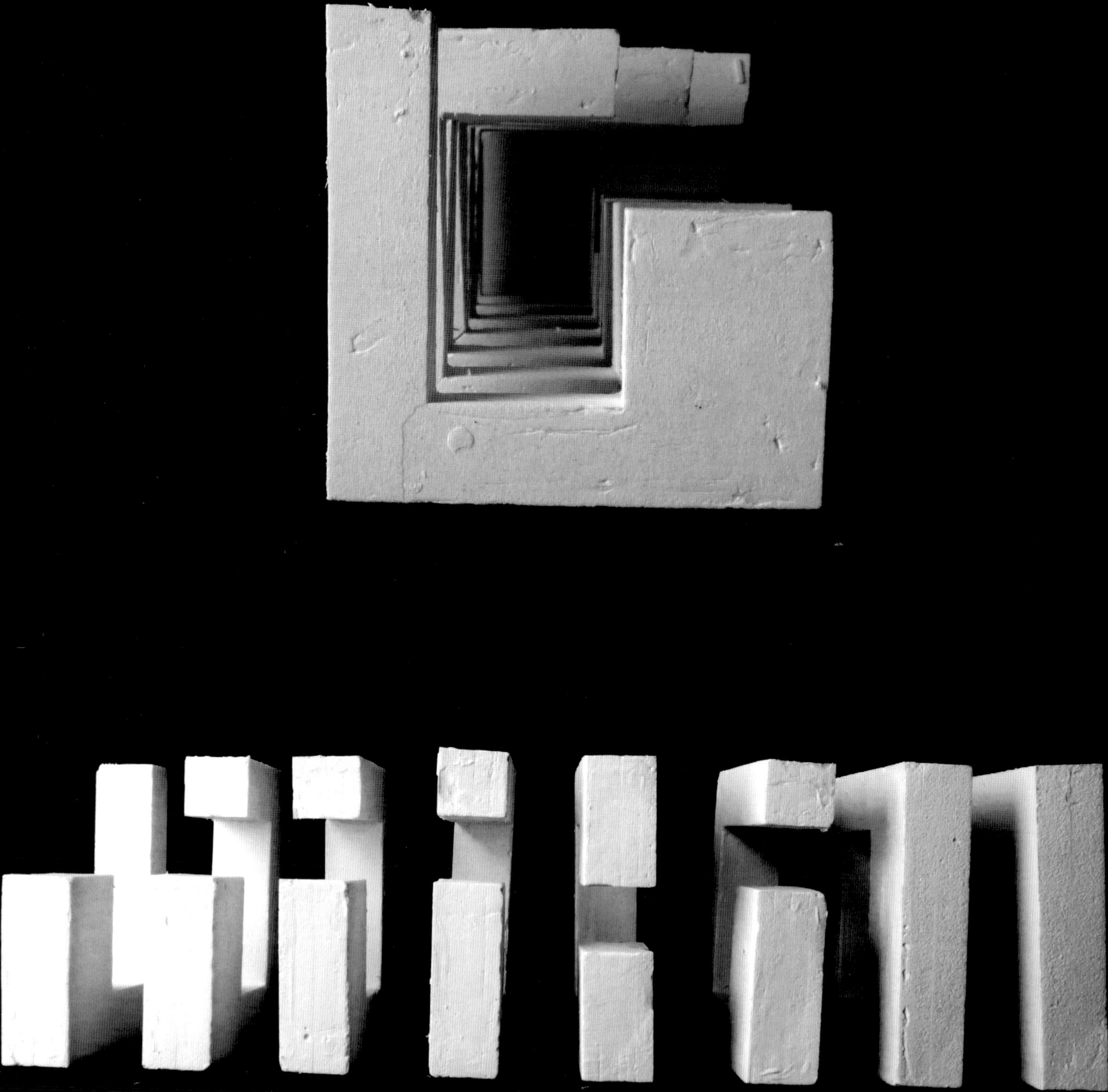

Space made by opening (pencil)

Space harmonized with light (pencil)

Shadow of between space

Roof plan

Final model - view from the front (foam & plaster)

Top: space in the chapel 1 / bottom: space in the chapel 2 (plaster)

Top: space outside of chapel 3 / bottom: garden & roof garden (foam & plaster)

Top: garden passage / bottom: garden in front of the chapel (foam)

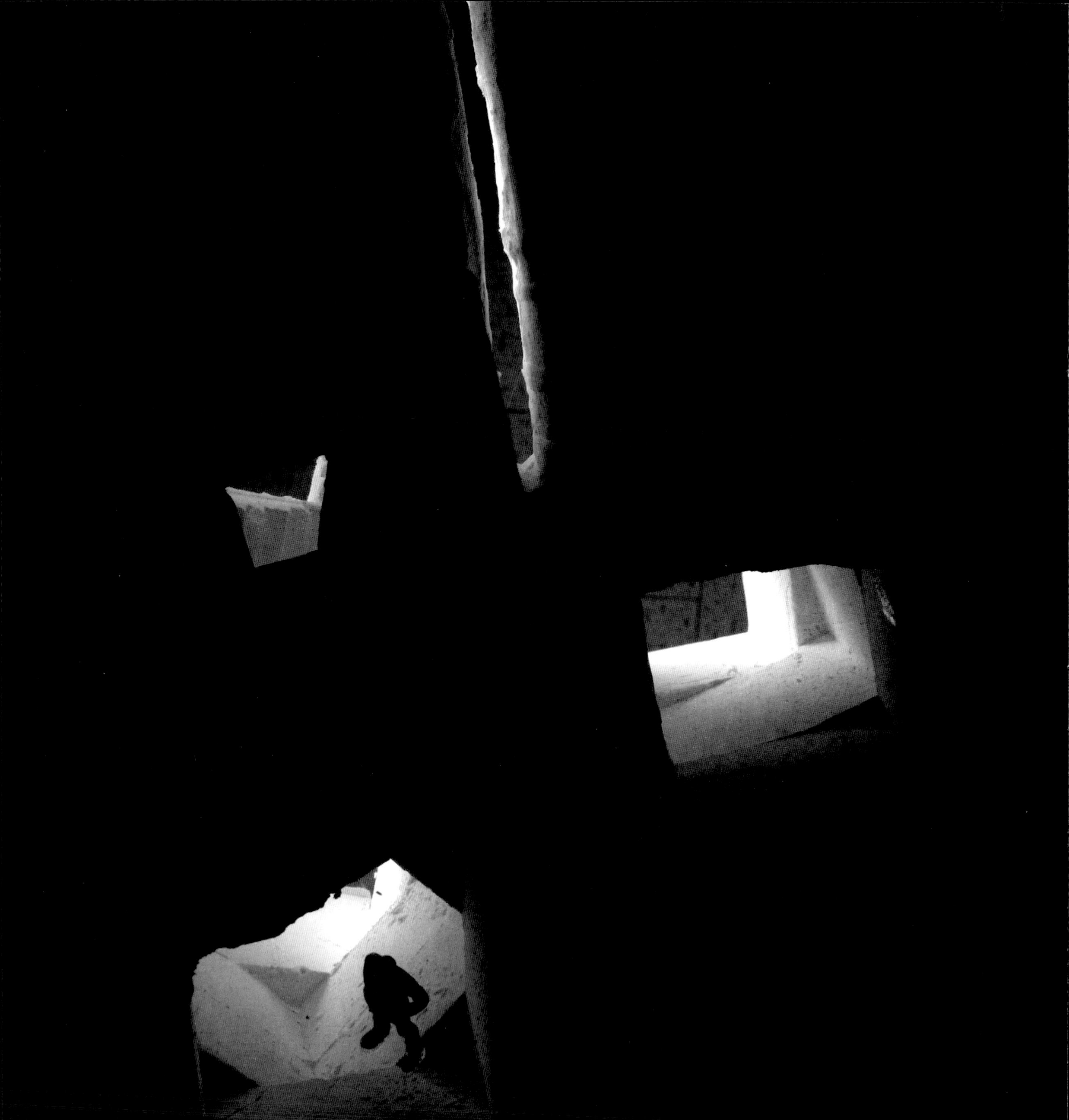

Scattered Space

Space Research

1. Cut

I thought that a primitive form of opening is a cut. To make a cut of plaster, I thought about the properties of plaster. It is fluid when it does not hardened yet, so I put a paster bandage inside the mold, pour the plaster, and pulled out the bandage before the plaster hardens completely.
Through several experiments, some regular shape came out. Inside the space is narrow, and the outside is broad. The cut of inside is the shape the bandage was placed, but as the bandage is pulled out, the outer shape changes and it becomes wider.

2.Units

I felt interesting in the space that units makes. So I made a unit cube with foam, put it in mold, poured plaster, and melted them up with acetone. I concerned how I put these units together, so at first I put these units in geometrical shape. but it is related to 2-dimensional arrangement rather than 3-dimensional space. So I skewer the foams to wire and put them into the mold, but the connection between units are not shown in the model, so I put the units together by bond, cut the side to fit the mold, and poured plaster. The cut faces are shown outside, and faces that are sticked each other become a connection between two units.

3.In-between

Space in between trees was my interest. To make a thin, long, winding shape of trees, I made a model by hanging strings and pour plaster little by lttle. And because I focused on the "in-between" spaces of trees, I tried to make the space itself. I made a space with vinyl and pour the plaster except the space made by vinyl, but I can't catch the glimpse of the original shape of tree, so I should find another way to show the space.
I use several plans, and link nearby sections of the trees. Then, space surrounded by trees is shown in different way, and it could be a system to make space. Surface can be made by the lines between sections, and the space in between trees is transformed into space surrounded by the shell made by the surfaces.

Spiritual Retreat - Scattered

When we first arrived at the island, we roam around not knowing where to go. When we headed towards sea, a small bay with rocks around came out. Over the rock is a rugged coastline which can easily be reached at low tide, but not when the tide is rising. Going along the seashore, there was concave space surrounded by rocks. I was interested at the site.

As the space made by 'trees' is made by several objects scattered around, it is better to be small buildings scattering rather than one big massive building, also harmonizing well with coastline made up of rocks, trees, and sea. Mass-gathering place have to be big enough according to its use, so it is put underground cutting the ground. Other places are made up of units itself, or gathering of units. Then, how the units can be made? I focused on view through cubes facing each other, so I stacked two or three units, and moved or rotated respectively. I used the third space research for the outer shape. I linked the vertices of cubes at the same level, and made the shape changing smoothly into next level's shape. And the other shell is trajectory of these lines.

These units are used in many ways. At residence or prayer room, the unit is used as a space itself where people go inside. At space for mass-gathering, units are used as a staircase and lightwells, helping going into underground space and bringing light and sky. At eating place, it works as a divider making some small spaces. Also at studing place, the units are filled with stairs, which is not a tool of vertical movement, but also place for staying surrounded by books.

Many uses suggeted at the project surround the semi-opned yard. Places for eating, studying, and mass-gathering are used by many people, so they are placed close to the yard, and a little way off is residence and small prayer rooms. Especially, the prayer rooms are surrounded by trees, which provides different atmosphere.

1. 잘림

가장 원초적인 형태의 개구부는 CUT, 즉 잘려 생긴 빈 공간이라고 생각했다. 이번 학기의 전반적인 재료가 석고였기 때문에, 석고의 특성을 이해해야 석고에 CUT을 만들 수 있으리라 생각했다. 유동성이 있는 액체가 서서히 굳어 장력과 휨력에 약한 단단한 고체가 된다는 석고의 특성에 착안하여, 사각형의 틀을 만들고 그 안에 석고붕대를 담은 후, 그 틀에 석고를 붓고 완전히 굳기 전에 석고붕대를 뽑아내는 방식으로 작업했다.
몇 번의 시행착오를 거치자 일정한 형태가 나오기 시작했다. 안쪽의 좁은 공간으로부터 바깥으로 점점 넓어지는 형태다. 안쪽의 형태는 처음 석고붕대가 위치한 형태를 그대로 가지고 있으나, 잡아당기면서 바깥쪽은 떨어져나가며 더 넓어진다.

2. 단위체

일정한 단위들이 서로 관계를 가지며 만드는 공간에 흥미가 생겼다. 폼을 이용해서 단위 정육면체를 만들고, 그 사이를 석고로 채우고, 폼 부분을 아세톤으로 녹여내어 공간을 만들었다. 여기서 어떤 방식으로 이 단위체들을 배열할 것인가에 대한 고민을 했다. 처음에는 작은 조각들을 일정한 기하학적 형태에 따라 배열했다. 그러나 이 방식은 3차원적인 공간보다 2차원적인 배열에 영향을 많이 받았다. 때문에 좀더 3차원적인 방법을 생각해낼 필요가 있었다. 그래서 와이어로 이 단위체들을 꿴 다음, 몰드에 넣고 석고를 부은 다음 이 단위체들을 빼내기로 했다. 그러나 이 경우 단위체들 사이의 연결이 별로 표현이 안되는 단점이 있었다. 그래서 단위체들을 면끼리 붙이고, 틀에 맞춘 다음 석고를 부었다. 틀에 맞추기 위해 잘려나간 면들이 바깥쪽에 보이고, 붙은 면들이 두 단위체를 이어주는 역할을 한다.

3. 사이

나무 사이의 공간이 내 흥미를 끌었다. 나무들로 이루어진 숲의 일부와 같은 모델을 만들었는데, 얇고 긴, 구불구불한 나무의 모양을 만들기 위해 위에서 끈을 늘어뜨리고 석고를 조금씩 부어 만들었다. 그리고 내가 초점을 맞춘 것은 이들 '사이의' 공간이었기 때문에, 그 공간 자체를 비닐로 반들고 나머지에 석고를 부으려 했으나, 그렇게 생성된 공간이 원래 나무의 형태와 같은 부분을 찾아볼 수 없었고, 나는 다른 방법을 찾아야만 했다.
처음에는 구불구불하고 갈라진 나무들의 단면을 이용하여, 근처의 단면들을 잇는 방식을 써보았는데, 이렇게 그려진 그림에서 나무들에 의해 둘러싸인 공간을 다른 방식으로 볼 수 있었고, 이 방법 자체가 공간을 만드는 하나의 체계가 될 수 있을 것이라는 생각이 들었다. 껍데기는 이 단면들을 잇는 선들로 만들어지고, 나무들 사이의 공간이 이런 껍데기로 둘러싸인 공간이 되는 것이다.

흩어짐

처음 섬에 도착했을 때, 우리는 산을 따라, 어느 곳으로 향하는지조차 모르는 채로 섬을 돌아다녔다. 바다가 보이는 쪽으로 내려가자, 울퉁불퉁한 바위로 둘러싸인 곳이 나왔다. 옆쪽의 바위에는 물이 상당히 올라와 있었는데, 썰물이 되자 물이 빠져나가면서 바위의 저쪽으로 건너갈 수 있게 되었다. 바위 너머로 해안을 따라 가다보니 산쪽으로 움푹 들어간 곳이 보였다. 좌우는 바위로 둘러싸여 있고, 안쪽으로 들어가 있는 작은 절벽이었다. 이 곳에 끌려, 사이트로 결정하였다.

처음 공간에 대해 생각하게 된 계기인 '나무들'이 이루는 공간은, 다수의 개체가 흩어져 있으면서 생기는 공간이다. 때문에 하나의 거대한 덩어리보다는 작은 개체들로 흩어져 있는 편이 계기에는 물론, 바위들과 숲, 바다라는 요소가 어우러진 해안에 더 어울릴 것이라고 판단했다. 그 용도에 의해 어느 정도 이상의 크기를 가질 수 밖에 없는 집회 공간은 지하에, 땅을 잘라내어 넣었고, 다른 공간들은 모두 작은 단위체들이 모이거나, 혹은 그 단위체 자체로 공간을 이루게 하였다. 그렇다면 이 단위체들은 어떤 형태로 만들어질 것인가? 정육면체들이 면끼리 붙으면서 그 사이로 보이는 모습에 주목하여 정육면체 두 세개를 쌓고 수평하게 옮기거나 돌렸다. 그 외부는, 정육면체들의 꼭짓점들을 점들로 보아 세 번째 공간 실험의 방법을 이용하였는데, 같은 높이의 점들을 연결하고 이 평면이 다음 높이의 평면으로 점차적으로 변화하도록 하여, 그 옆면을 외피로 삼았다.

이렇게 만들어진 단위체들은 다양한 용도로 쓰인다. 거주지나 기도실에서는 그 자체가 사람이 들어가 쓰는 곳으로 쓰인다. 집회를 위한 곳에서는 계단실과 빛 우물로 사용되어 어두운 실내에 빛과 하늘을 들이고, 먹는 곳에서는 서로 다른 칸막이로 이루어진 공간을 만드는 역할을 한다. 또 공부하는 곳에서는 내부가 계단으로 차 있는데, 계단이 단순히 수직 이동을 위한 도구가 아닌, 벽면이 책으로 둘러싸여 그 자체가 하나의 머무르는 곳이 될 수 있는 낮은 계단으로 이용된다.

프로젝트에서 제시된 여러 용도들은 반쯤 열린 마당을 중심으로 둘러싸고 있다. 많은 사람들이 이용하는 먹는 곳, 공부하는 곳, 집회를 위한 곳이 주로 둘러싸고 있고, 그 바깥쪽으로 거주지와 작은 기도실들이 위치한다. 특히, 이 기도실들은 나무에 둘러싸여 있어 다른 단위체들로 이루어진 공간과 다른 느낌을 준다.

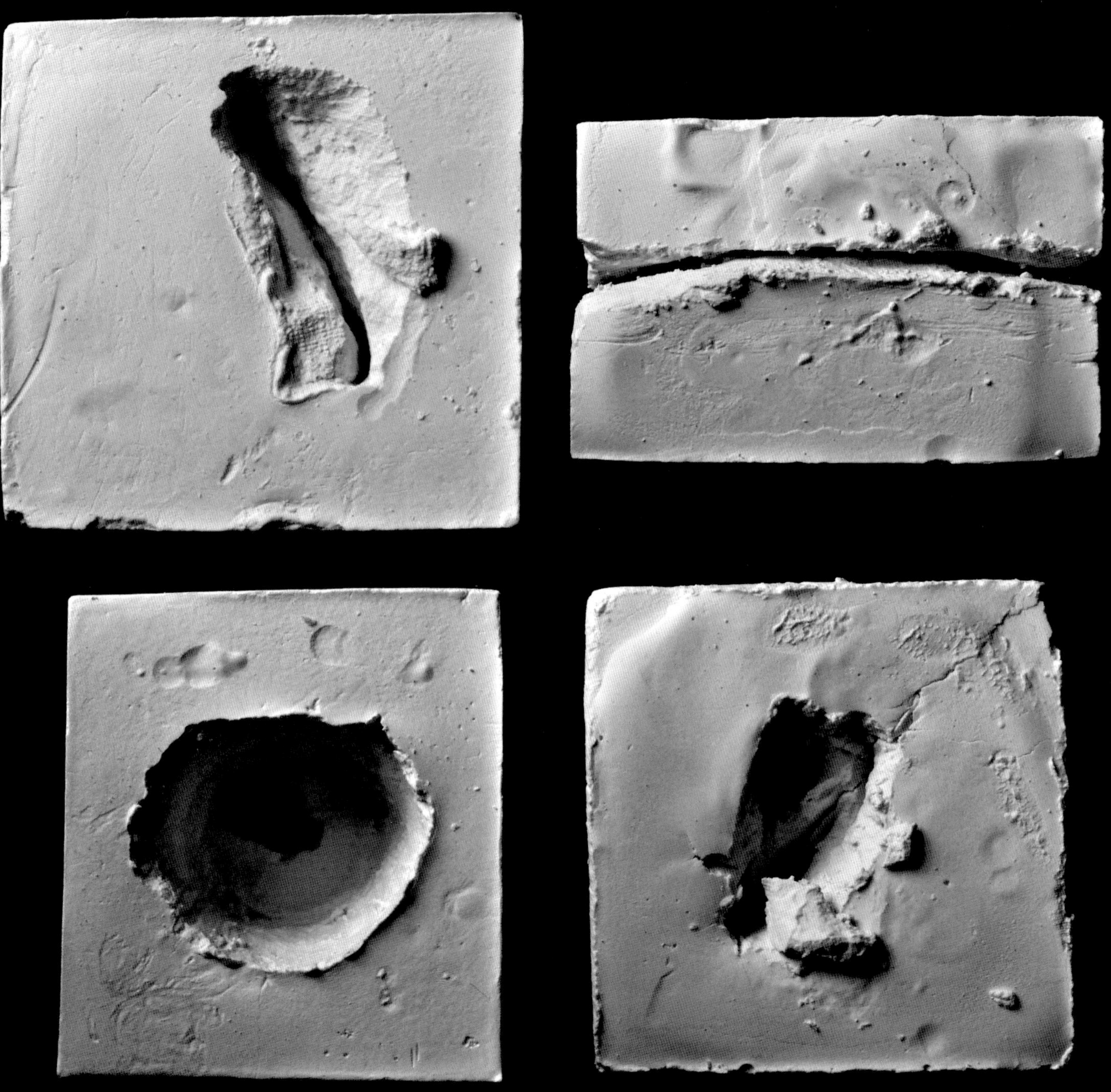

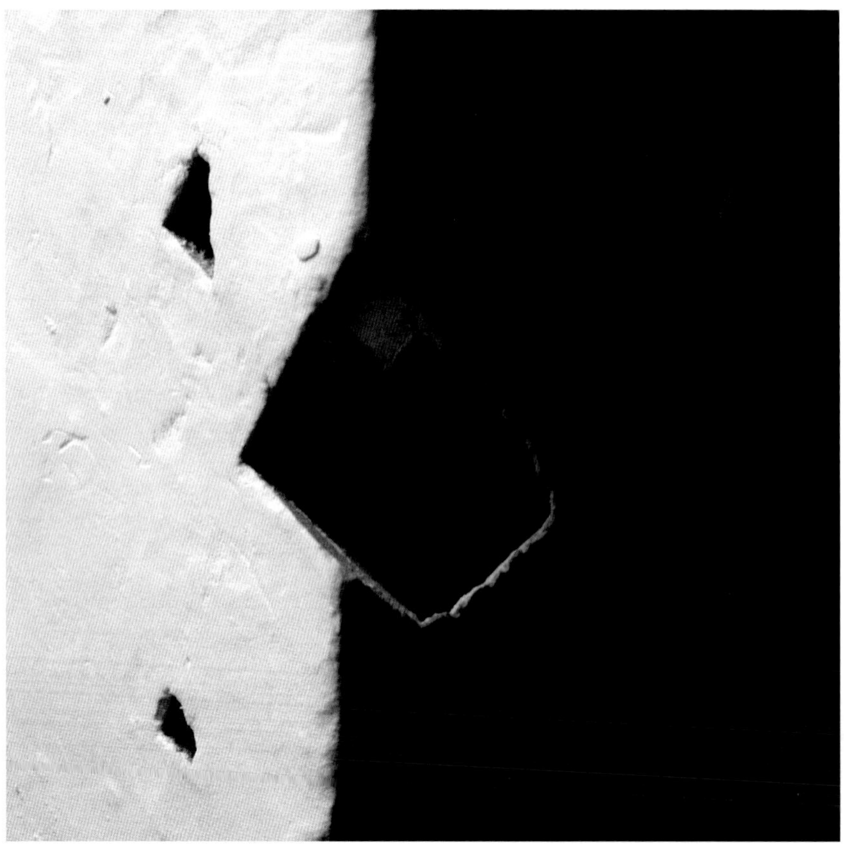

Fragment - connection made by units facing each other

Light and shadow - opening and connection of units

Attempt to make tree-shape model

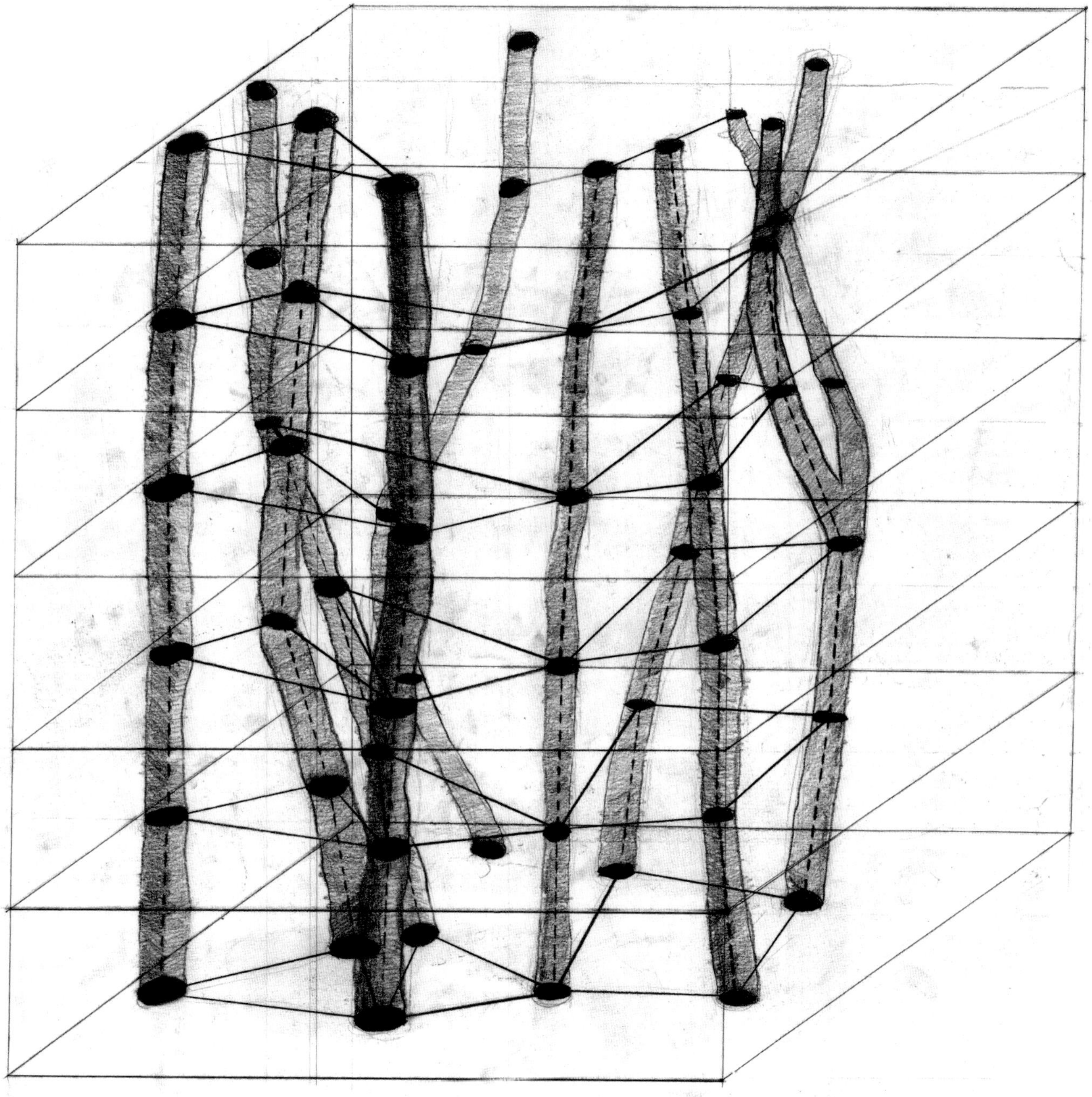

Simulation - connecting sections on similar intervals

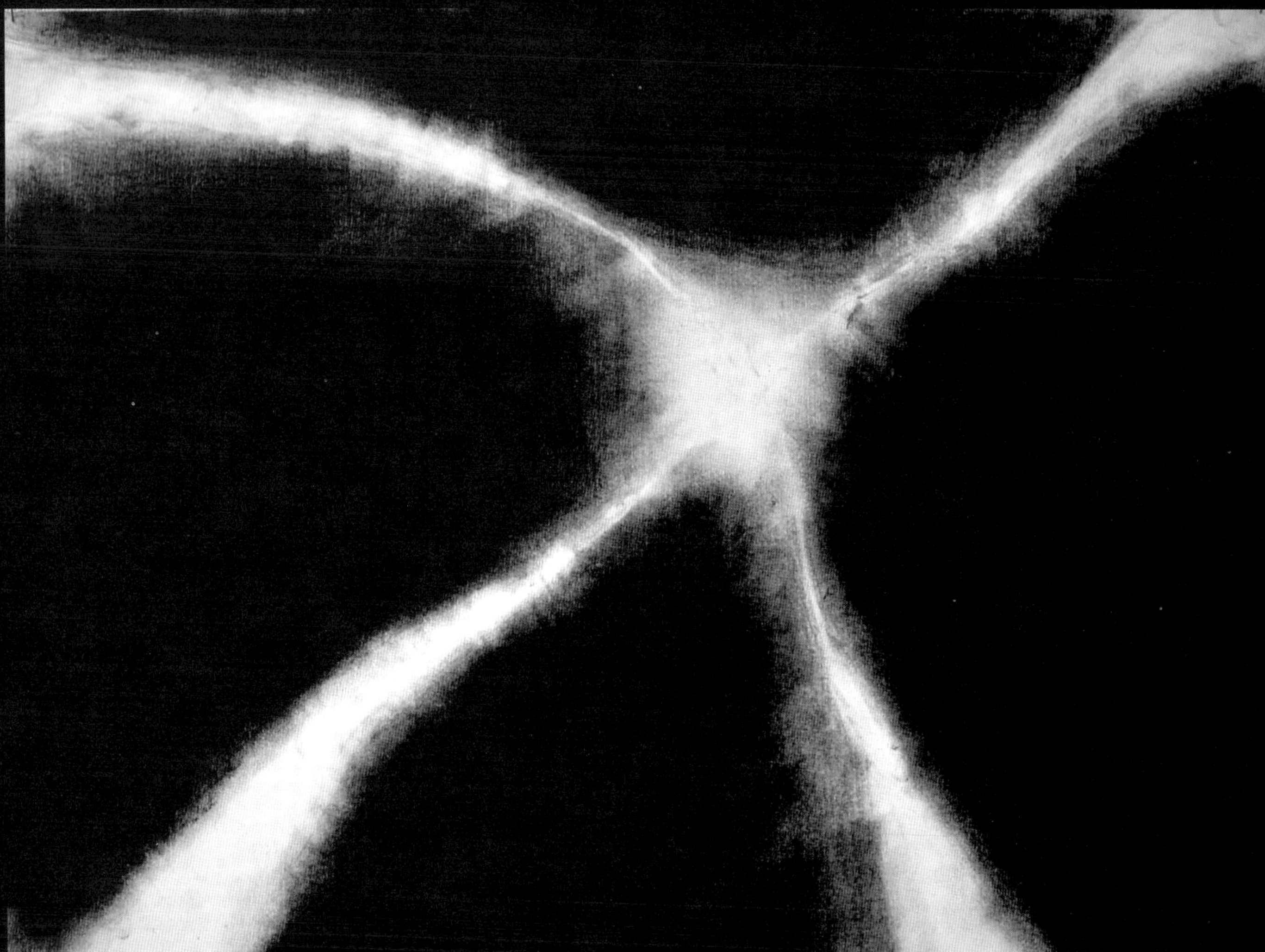

Library entrance

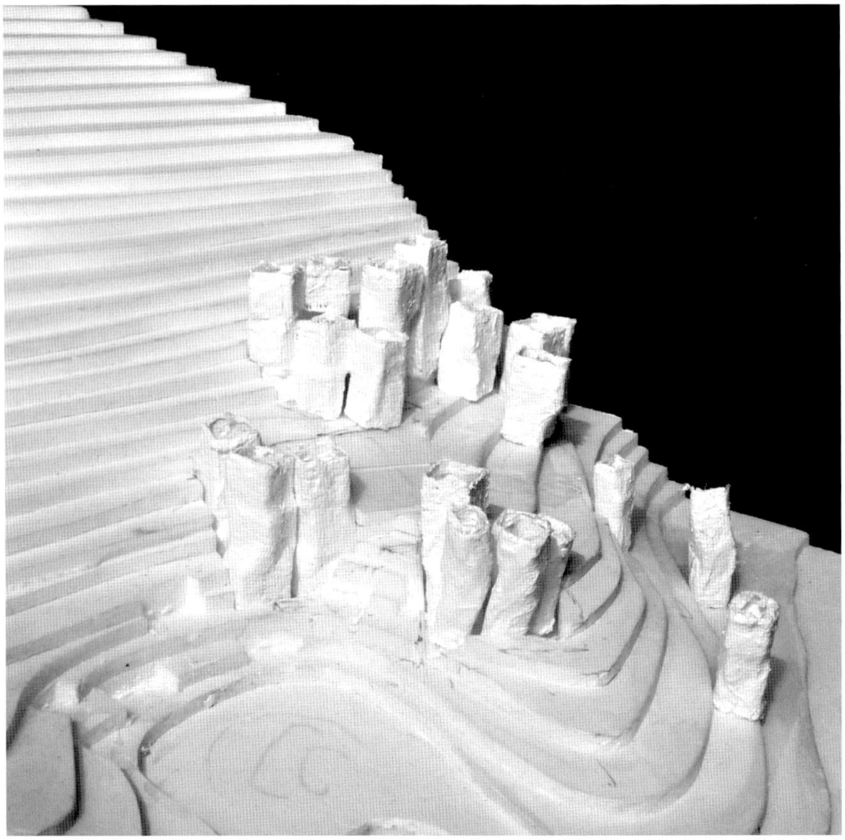

Top: model 1:200 / bottom: section model 1:50

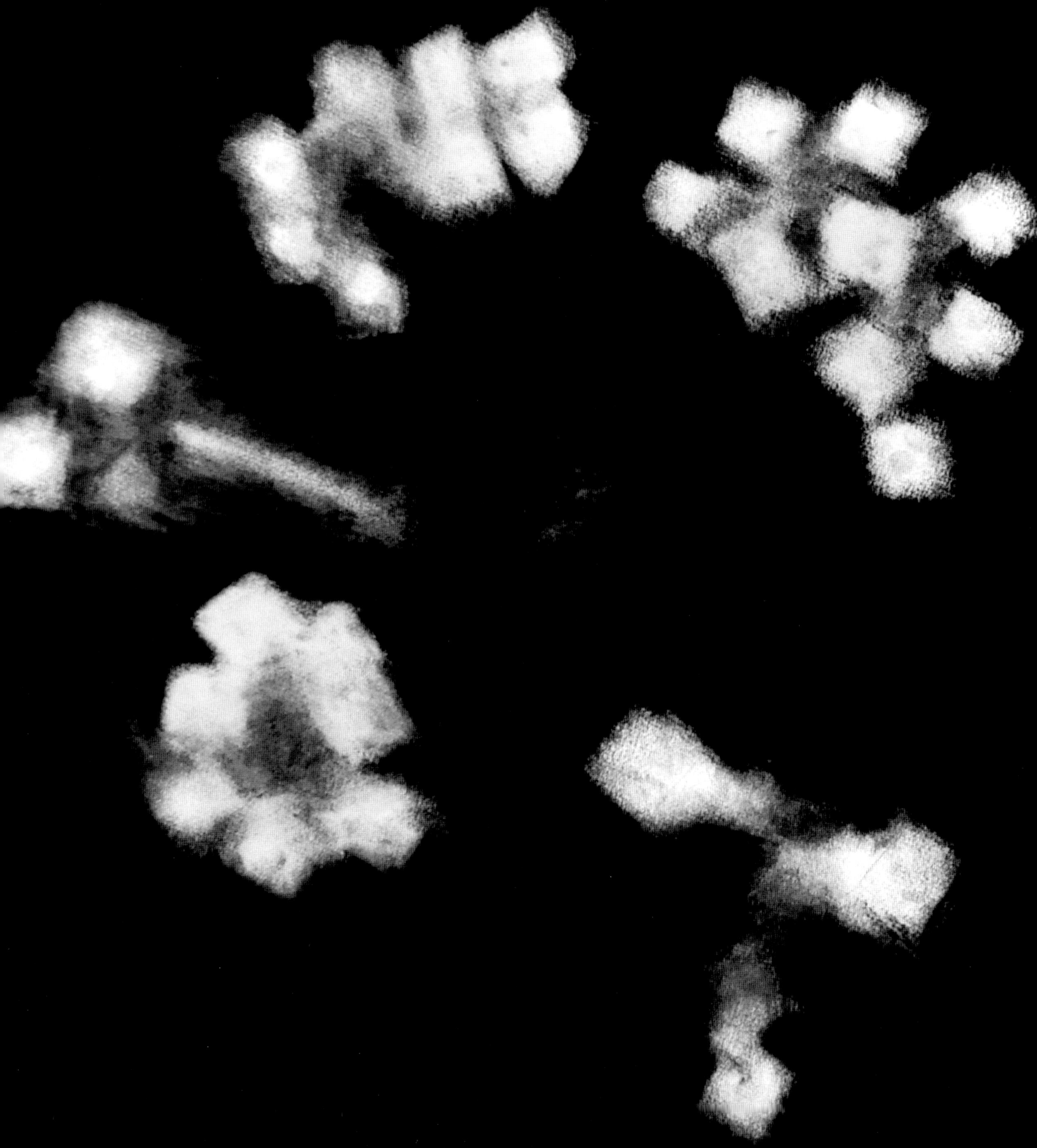

Atmosphere - light, connection, openness

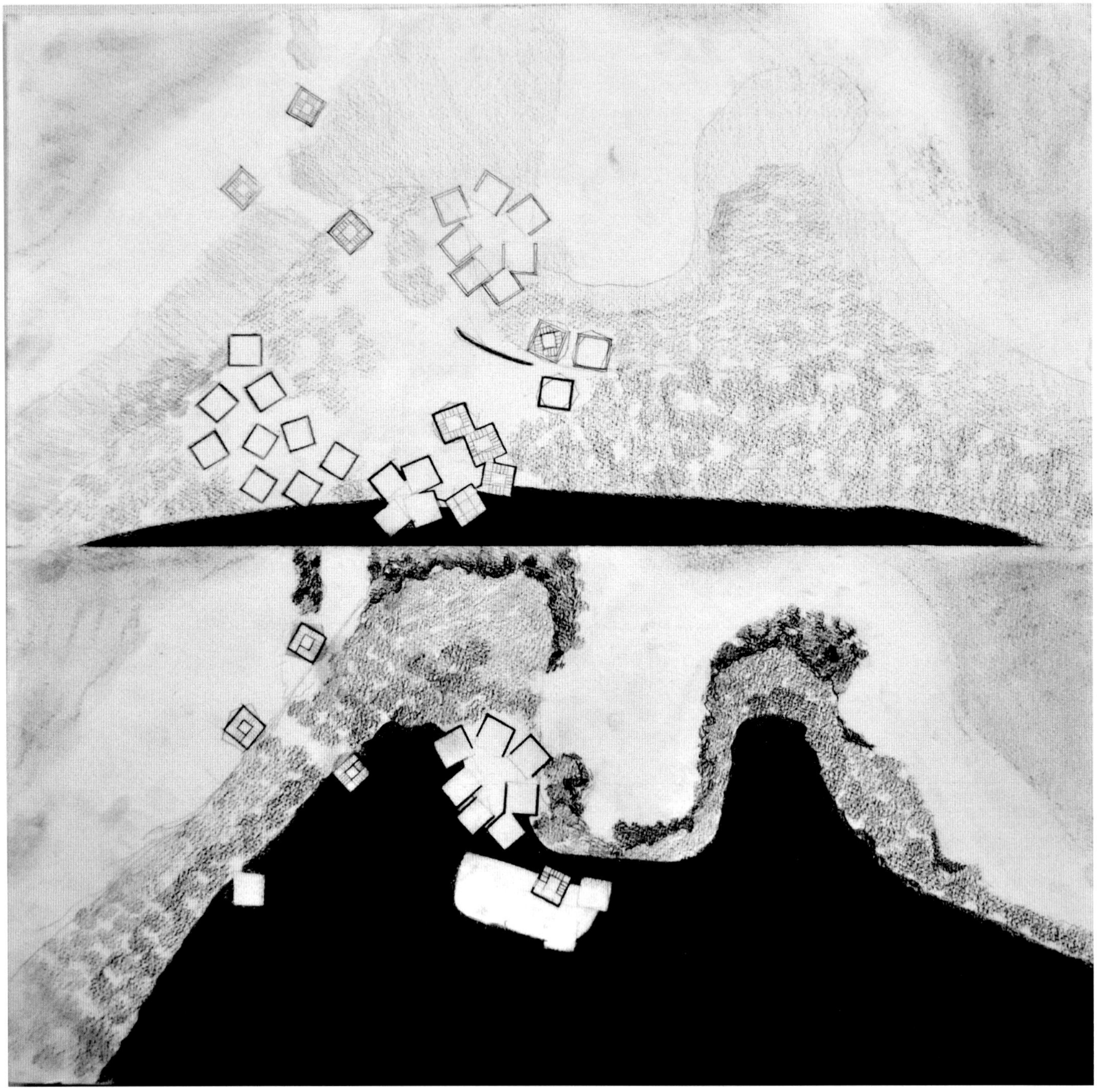

Plan

The mass-gathering place

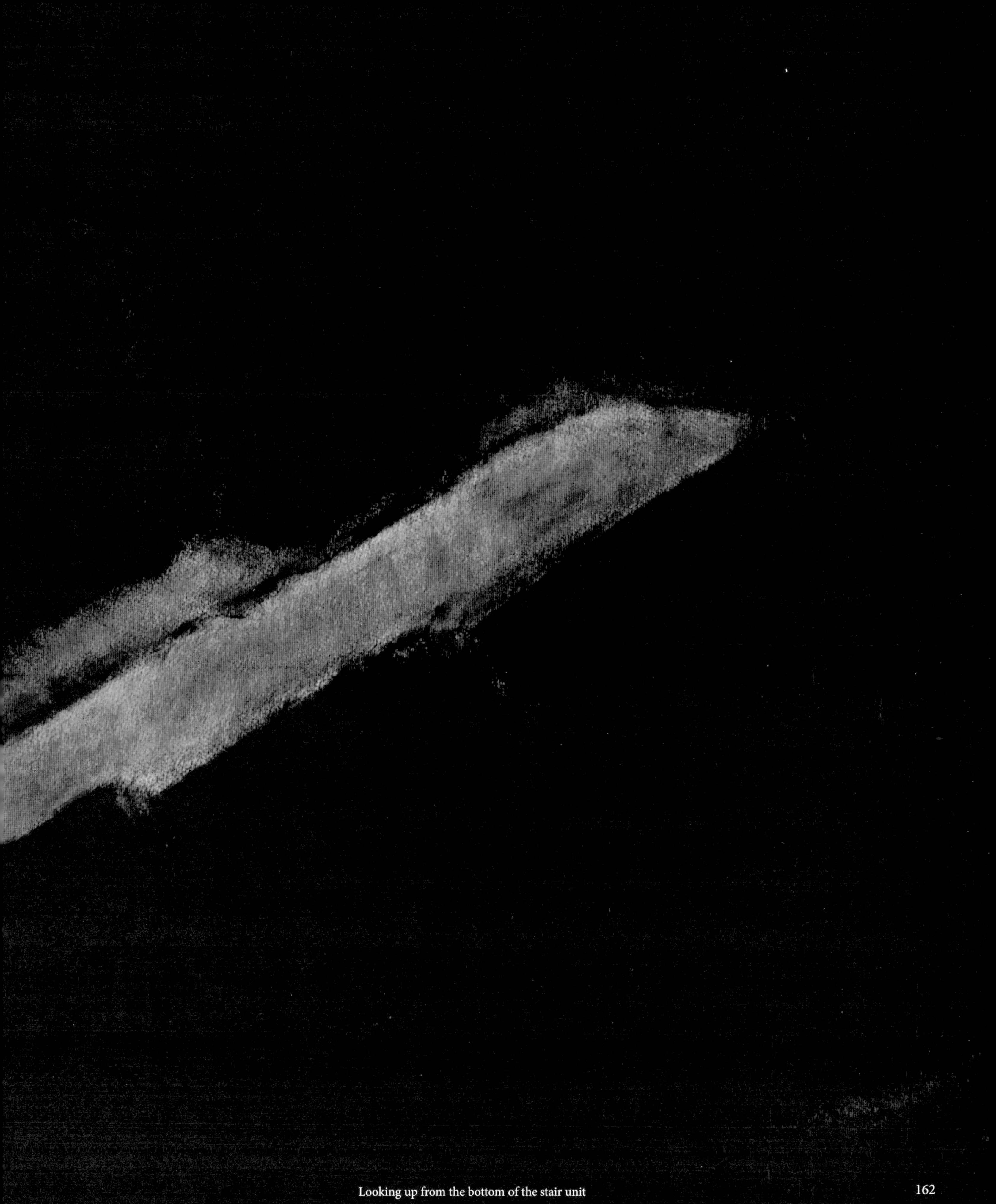

Looking up from the bottom of the stair unit

Information

Site - beach on the island the Jangbon-do

On the boat to the island

On the island, looking for a site

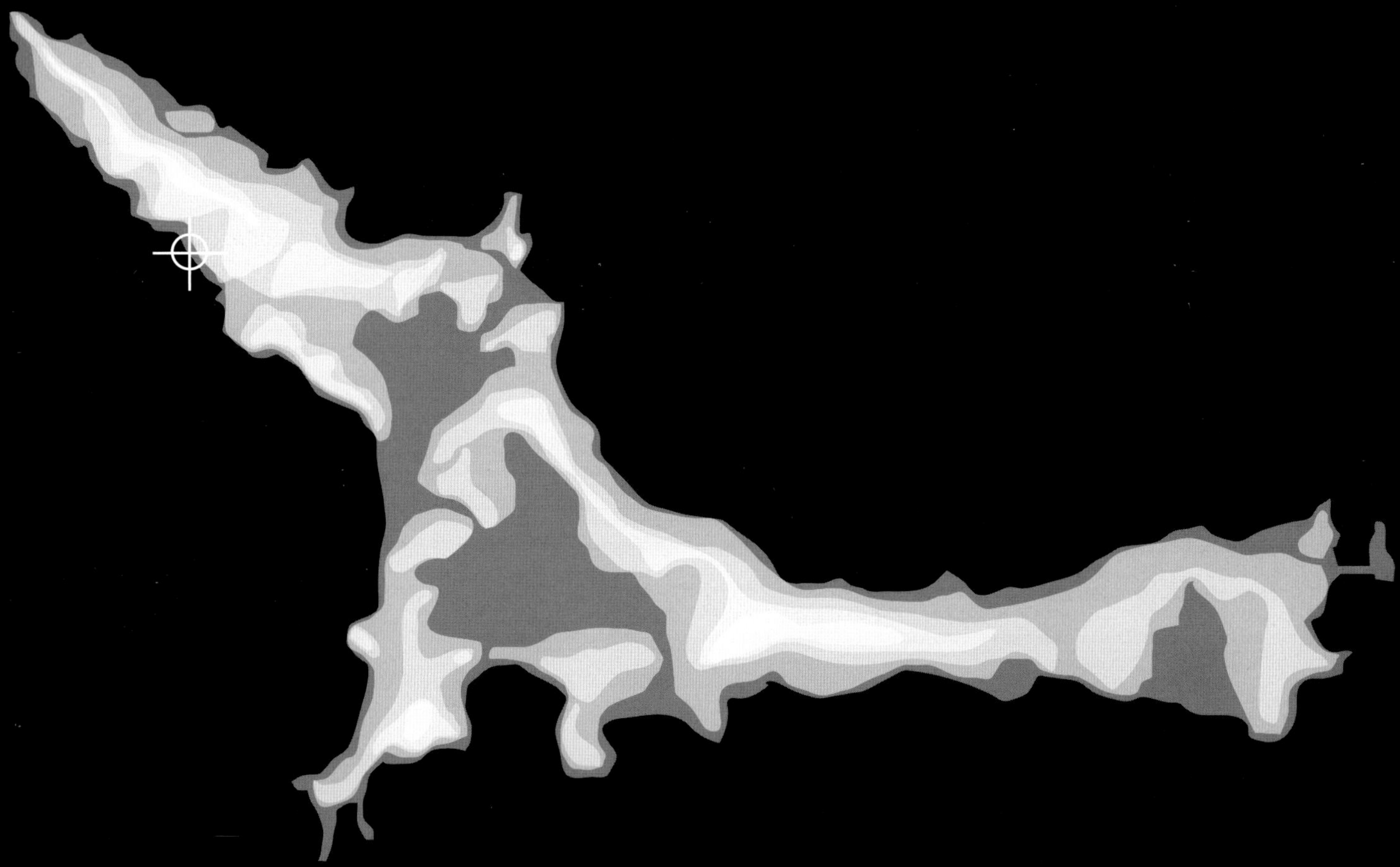

View of the site

View of the site from the road

Sunset on the site

Study on plaster models

Study of spiritual retreat 1:50 model

Casting final model 1:50

Critiques on final model

SCHEDULE

Final critique

Biography

Scattered Space
Hwang Moonkyu
1993.12.18
lapiis@snu.ac.kr

Platonic Space
Lee Geonil
1993.06.13
es9archi@naver.com

Floating Space
Isaac H Gray
1993.10.29
isaacahffk@naver.com

Tranquil Garden
Lee Jaeheon
1992.04.24
haiyan9270@gmail.com

Twins
Kim Eunhye
1992.10.28
kimeh1028@snu.ac.kr

Delicious Space
Lee Youngju
1993.08.17
jouny817@naver.com

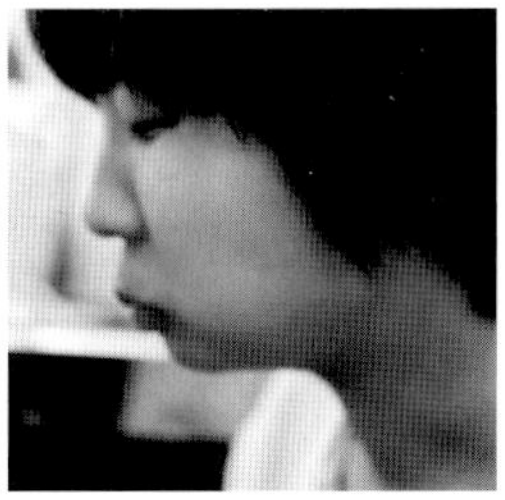

Eroded Space
Kim Hein
1992.12.8
miiilo@naver.com

Spiritual Space
Shin Yoojin
1994.01.15
yoojin3995@naver.com

Prayer Center
Lee Daeun
1993.12.24
delee@snu.ac.kr

Force
Song Kyoungun
1994.03.30
kyoungun.song@gmail.com

CASTING SPACE

Author Peter W. Ferretto

Associate Professor
Department of Architecture
Seoul National University
South Korea

Contact 1 Gwanak-ro, Gwanak-gu, Seoul
151-742, South Korea
T. +82 2 2880 7051
F. +82 2 2871 5518
E. ferretto@snu.ac.kr
W. www.pwferretto.com

Designer The whole content of this book was edited and designed by SNU_2.2 2013 design studio students.

Editor LAD
(Laboratory for Architecture and Design)

Steven Park Chaffer
+
Jason Houliston

Department of Architecture
Seoul National University
South Korea

Printing Macprocess
T. +82 2 2278 2350

Provider Spacetime

www.spacetime.co.kr
251 Tongil-ro, Seodaemoon-gu, Seoul
120-796,South Korea
T. +82 2 3147 2323

ISBN: 978-89-5592-292-9

저자 피터 페레토

서울대학교 공과대학 건축학과 부교수

펴낸곳 151-742, 서울특별시 관악구 관악로 1

전화 +82 2 2880 7051
팩스 +82 2 2871 5518
이메일 ferretto@snu.ac.kr
홈페이지 www.pwferretto.com

디자이너 이 책의 모든 내용은 서울대학교 건축학과 2013년 2학년 2학기 디자인 스튜디오 학생들에 의해 편집되고 디자인 되었습니다.

편집자 LAD 연구실

Steven Park Chaffer
+
Jason Houliston

서울대학교 공과대학 건축학과

인쇄 맥프로세스
전화 +82 2 2278 2350

공급처 시공문화사

120-796, 서울특별시 서대문구 통일로 251
전화 +82 2 3147 2323